①作品名称：飞花
②作品名称：惬意
③作品名称：酷与王妃

Photoshop CS2
Painter IX
Poser 6

人像彩绘艺术

刘　偲　　编著

飞思数码产品研发中心　监制

电子工业出版社
Publishing House of Electronics Industry
北京·BEIJING

内容简介

本书通过大量精彩的人物彩绘实例，介绍了 Photoshop CS2、Painter IX 和 Poser 6 软件的高级绘制技巧。目前电脑绘图已经成为绘画的一种潮流和趋势，本书科学、系统地讲解了从电脑素描到上色创作的完整过程，包括作者多年来的绘画秘籍和电脑绘画的流程。书中案例技法成熟、步骤详尽，读者根据书中的介绍可以快速掌握使用 Photoshop CS2、Painter IX 和 Poser 6 绘制人物画的主要技巧。随书光盘内容为书中范例素材、效果图和基础知识视频文件。

本书适用于热爱插画、想要学习 CG 插画创作的初学者及具有绘画基础、想要由传统绘画方式转向 CG 方式的读者，也可作为相关专业的培训教材。

未经许可，不得以任何方式复制或抄袭本书之部分或全部内容。

版权所有，侵权必究。

图书在版编目（CIP）数据

风云 Photoshop CS2 Painter IX Poser 6 人像彩绘艺术 / 刘偲编著.- 北京：电子工业出版社，2007.6
ISBN 978-7-121-04244-7

Ⅰ.风… Ⅱ.刘… Ⅲ.图形软件，Photoshop CS2、Painter IX、Poser 6 Ⅳ.TP391.41

中国版本图书馆 CIP 数据核字（2007）第 055256 号

责任编辑：赵红梅
印　　刷：北京天宇星印刷厂
装　　订：涿州市桃园装订有限公司
出版发行：电子工业出版社
　　　　　北京海淀区万寿路 173 信箱　邮编：100036
开　　本：850×1168　1/16　印张：14.75　字数：495.6 千字　彩插：2
印　　次：2007 年 6 月第 1 次印刷
印　　数：5 000 册　　　　定价：68.00 元（含光盘 1 张）

凡所购买电子工业出版社图书有缺损问题，请向购买书店调换。若书店售缺，请与本社发行部联系，联系及邮购电话：(010) 88254888。

质量投诉请发邮件至 zlts@phei.com.cn，盗版侵权举报请发邮件至 dbqq@phei.com.cn。

服务热线：(010) 88258888。

"不用纸张，不用画笔，没有画者烦琐的周遭……"

当作者的作品伴着鼠标的声响在屏幕上滚动，我的脑海也被这华丽的画面所震撼：幽暗的精灵世界，少女清澈的眼神，斑斓的彩蝶幻境，孤傲的暗夜行者……独特的工艺，造就独特的画面质感，当我为这一切惊叹的同时，脑中更常常浮现出作者创作时那种独特的氛围，这是一种欣喜的感觉。

艺术形式的变化，往往伴随着工业的进程。当艺术内涵不断丰富时，技术层面也在发生着变化，但这种变化对于绘画艺术而言，似乎太过漫长了一些。

从远古岩壁上的石刻，到当今成熟的平面作品"创作－传播"模式，美术作品的载体在不断改变，与之相比，美术的创作方式似乎滞后了太多，单调的创作形式覆盖了整个人类漫长的文明进程。

我们期待着革命，而CG（Computer Graphics）形式的出现，让我们觉得，这一切是时候了！

计算机对现代社会的渗透能力几乎是侵略性的，速度之快、之猛，怕是连计算机的创始者都始料未及。

在这个追求高效率的年代，我们似乎不能再给予创作太多的等待，而解决的方法，除了加快创作本身的速度外，解决传统模式与数字化生产、传播之间的空缺，更是我们亟待解决的问题。而CG，正好将这个空缺完美地填补。

需要特别指出的是，对于CG，我们也常常有错误的认识。计算机的方便快捷，有时候也给人造成一种假象：艺术的创作变得更加容易，期间蕴含的艺术价值随之降低。电脑在创造着无与伦比且无瑕疵的画面的同时，也被人批评为"太过完美，无手工痕迹"。事实上，就好像卡拉OK让人人都有了专业伴奏，但歌唱家却照样需要专业的培养，照样远远胜出常人，CG艺术也有它自己的高端领域。当画面的细腻与丰富达到一个空前的高度时，它的背后包含的是一脉相承的美术功力和当今科技的完美结合，这绝对是一种艺术的升华！正是它，引发了当今文化产业新的变革，这一点毋庸置疑。

本书的作者追求艺术的经历，也正如同上述变革的一个缩影。从小酷爱美术，并屡获殊荣，跟很多人一样，因为喜爱，拿起了画笔，但又跟许多人不同。心路坎坷，让人们纷纷放弃，而这一切对于作者，却是最好的历练与乐趣。正因为这样，我们看到了现在的作者：手中握的已不是传统的画笔，而探索仍在继续。

凭借从小积累的良好美术功底，作者在21世纪初大步迈进了CG领域。电脑的魅力就在于此，它让创作者不再受困于无法实现的画面，凭借电脑这个工具，可以浪漫而生动地再现一些天马行空

的想象，使得创作技法能得到不断的提升，美术作品也从此获得了更为强烈的表现力。作者此时仿佛也获得了新生，一种全新的动力在激发她的创作热情，这更让她自己也成为美术界内一道独特的风景。

细腻，华丽，这是对作者作品的评论中最常看到的文字。而综观作者的CG作品，这几个字眼在不同的时期仿佛也有着不同的定义。而此时的作者，探索的思想正朝着哪个方向呢？我想，在她心里，探索、传承，跟发扬、传播是一样重要的，这本书的出现，就是最好的证明！

这本书为一些有绘画功底的爱好者提供了由传统模式转向CG艺术的良好渠道。在本书编写过程中，非常注重读者能力的培养，每个章节都"由浅入深，高低兼顾"。作者将这个统一的教学思想，分配至不同侧重点的案例中，让读者轻松进入角色，用饱满的信心跟随作者直到最后完成作品，这时会发现：入门的过程中，实际上对高端技巧的应用已经有所涉猎，对今后高级技术的专门学习，颇有益处。

除上述指导思想上的亮点，读者还将看到，对于Photoshop、Painter和Poser当今主流绘图软件，作者进行了很好的分离与结合，强调各自特性的同时，更注重结合运用，让读者不会因为需要掌握这些软件而苦恼。运用它们，更像是运用自己的两只手，相得益彰。

喜欢作者作品的人，更会把该书当做一本特别的集子收藏起来，因为本书运用的案例全部为特别创作，只收入该书中。

本书的意义不仅于此，更在于那些同样经历着作者的过去的人们，他们不仅仅从书里看到了一个成功的CG创作者，更让他们自己看到成功的希望和方向。路终归都要自己走，但如果掌握着正确的方向，脚下或许感觉会更坦荡。

希望读者朋友们能从书中体察到更多思想的精髓，而不仅仅是技法与流程。CG水平的提高，更是思想的进步。

编 著 者

联系方式

咨询电话：（010）68134545　　88254160

电子邮件：support@fecit.com.cn

服务网址：http://www.fecit.com.cn　　http://www.fecit.net

通用网址：计算机图书、飞思、飞思教育、飞思科技、FECIT

目录

第3章
酷女郎

本章要完成的作品不同于前两章，因为没有使用Poser模型作为底稿，所以造型方面可以更加随意一些，但这也要求作者具有一定的造型基本功，因此本章内容对一些读者来说可能有少许困难，但是可以作为熟悉电脑手绘操作的练习，也可以作为参考和了解的内容……

第4章
韩流袭过

本章的作品由Photoshop和Painter结合制作完成。使用Photoshop绘制的部分主要用来表现人物的真实感，使用Painter绘制的部分则用来表现一些笔触，使得图像更有绘画的感觉……

第5章
渴望

本章要完成的作品只有人物的上半身，除了人物的皮肤部分外，其他部分则逐渐融合于蓝色的背景中。这样设计的目的是更加突出人物，而其他模糊的部分则成为人物情绪的反应……

第 6 章
彩依

本章除了讲解人物本身的绘制技巧以外，还介绍一些背景的添加方法。这幅作品的背景使用 Photoshop 和 Painter 结合完成，既具有一定的真实感，又带有浪漫的幻想效果，令人炫目且变化无穷……

第 7 章
冰雪公主

作为本书的最后一章，我们将配合使用 Poser、Photoshop 和 Painter 来完成作品。在这一章，我们根据 Poser 渲染出的模型来绘制草稿，并使用 Photoshop 进行颜色的调整，但是画面的主要绘制则使用 Painter 来完成……

附录
刘偲 CG 艺术作品鉴赏

For Moony and Padfoot
Painted by LS

Painted by LS

Painted by LS

第 1 章

精　灵

本章将使用 Poser 6 和 Photoshop CS2 配合来完成作品。在本章中首先介绍 Poser 的基本使用知识，利用 Poser 6 来渲染草图，用做人体动作、光线和色泽的参考，然后在 Photoshop 中重新绘制作品。使用 Poser 渲染出的模型，其人物的动作、光线及色彩更加理性，这就是 Poser 带给我们的灵活和高效之处。

1.1 设计造型

在学习本章之前，读者应该首先熟悉 Photoshop 的"图章工具"，因为在对物品材质进行精细描绘的时候，"图章工具"是最高效的、必不可少的工具。如果不能熟练掌握"图章工具"，本章的操作则会有一定的困难，因此建议读者在熟悉"图章工具"的使用之后再开始阅读本章。另外，本章将重点讲解物品材质的绘制，因此请读者更多地关注这部分内容。

STEP 1 打开 Poser，其界面如图 1-1 所示。

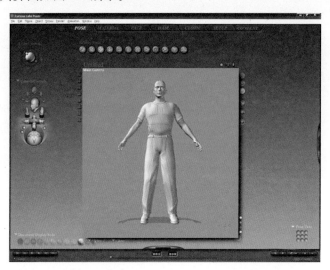

图 1-1

STEP 2 单击红框标明的范围，调出模型的选择栏，如图 1-2 所示。

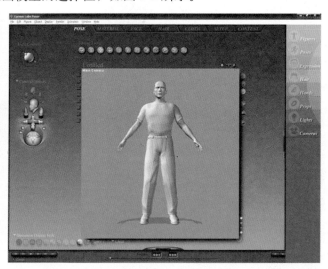

图 1-2

STEP 3 选取 Poser 中预设的人物，设定好人物姿态。

（1）单击右侧工具栏中的 Figures 按钮，打开模型列表。

（2）拖动菜单栏滑块，选中红框内标注的模型（双击打开），如图 1-3 所示。完成操作后，画面如图 1-4 所示。

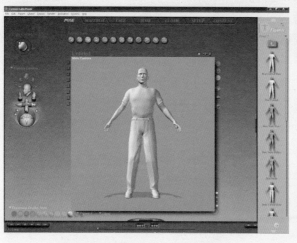
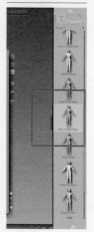

图 1-3

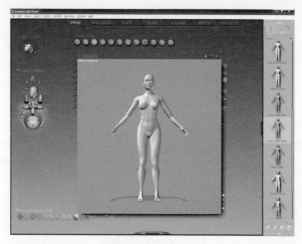

图 1-4

STEP 4 对选中的模型可用两种方法进行调试来改变其姿态：

方法一，通过鼠标在人物模型上的拖动改变人物姿态。这个过程中建议使用鼠标微调，而不用大幅度的动作，这样能够尽量避免人物肢体出现扭曲。

方法二，通过调节 Poser 中模型相应位置的参数来改变姿态。该操作适合初学者来完成模型姿态，也适用于大体姿态完成后的微调，一般是模型设定的最后步骤，如图 1-5 所示。

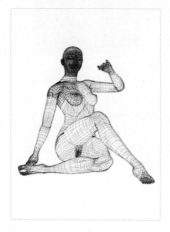

图 1-5

Poser 是一款实时效果的 3D 模型创建软件，所以对电脑的性能有着较高的要求。在操作过程中，如果显示模型的速度不够流畅，可以改变模型的显示方式，在主窗口右上方有 3 个圆形按钮，可以选择 Box tracking 模式来提高显示速度，同时，该模式使我们更准确、直观地观察模型骨骼的形态，为方便调整，可以进一步选择 Fast tracking 模式，使模型在调整过程中呈现多边形的形态，调整停止，马上恢复到正常观察状态，而 Full tracking 模式则提供全时的正常的状态显示，如图 1-6 所示。

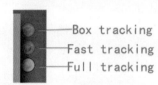

图 1-6

STEP 5 确定人物造型后，给模型加上光源。

这里使用"三点布光法"。

在图 1-7 中可以看到，左侧的光源最强，它也是我们认识中的唯一的主观光源。而实际操作中发现，仅仅考虑这一个方向的光源效果差强人意，人物对比度过大，暗部没有细节，明暗过度不自然，这是因为忽略了实际情况中的另一个重要原因——反射。所以三点布光的另外两光源，用较弱的光来弥补暗部的细节，平滑明暗的过度，丰富模型的层次，来实现模型真实的质感。

实际操作中，我们利用 Poser 中的灯光控制（Light Control）功能。其中较大的中心球体为模型主题，而周围的 3 个较小球体为前面说到的 3 个光源，通过对它们位置的移动和数值上的设定，使中心球体的光影发生不同的变化，而这种变化也正是模型本身光影的体现。

对模型、光影和形态进行调节的同时，可以利用左侧的摄像机控制（Camera Controls）功能来改变观察模型的视角，以方便操作，如图 1-7 所示。

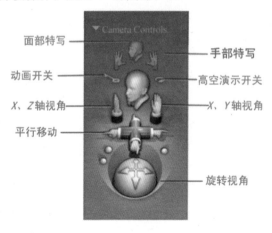

图 1-7

Poser 6 为我们提供了功能强大而简单的操作界面，下面对编辑工具（Editing Tools）中的主要工具进行说明，如图 1-8 所示。

图 1-8

Rotate 工具 ：用来旋转物体。选中该工具，按钮会变成橘黄色，然后在主窗口中选中要旋转的部分，按左键向相应的方向拖动即可旋转。

Twist 工具 ：用来以肢体自身为轴进行旋转。

Translate/Pull 工具 ：用来改变肢体的空间位置，如果要使人物的脚离开地面，就必须使用该工具，如图 1-9 所示。

图 1-9

STEP 6 多角度调整模型，以观察如何才能最大限度地表现人物的线条美，在选定角度后仍可对人物的姿态、布光进行最后的微调，以求得相对完美的效果，如图 1-10 所示。

图 1-10

STEP 7 在 Poser 主菜单中选择【Render】→【Render Options】命令，设置渲染选项，如图 1-11 所示。

图 1-11

在图像输出设定（Image Output Settings）中有 Render to main window 和 Render to new window 两个选项，前者指的是在现有窗口中渲染，而为了得到更高精度的图片，一般选择后者，可自定义输出窗口大小。设置完成后，单击下方的【Render Now】按钮，输出文件。在渲染完成后，关闭该弹出窗口，根据提示保存现有图片为我们所需格式。

注意

Poser 渲染出的人物模型看起来肌理方面有些夸张，肤色略显"斑驳感"，其实在这里我们对 Poser 的要求仅是制作出比例正确、姿态得体、人物表面层次丰富、细节还原出色的模型，而更多的微调任务要交给 Photoshop 和 Painter 来完成。这将是本书的重点，在下面章节中将详细说明，如图 1-12 所示。

图 1-12

1.2　人物图像底稿与临摹

STEP 1 将之前使用 Poser 渲染出的图片导入 Photoshop。由于 Poser 默认状态下输出的图像尺寸较小，可在 Photoshop 中用鼠标右键单击图像边框，在"图像大小"对话框中将图片修改至所需要制作的文件大小（不用担心将画面放大后出现的画质损失，因为前面已经提到，作品完成过程中的主要工作会由 Photoshop 和 Painter 来完成）。用"魔棒工具"将背景色去掉，如图 1-13 所示。

图 1-13

STEP 2 将原图的透明度降至 50%，在此基础上新建一个图层，在新图层上利用"画笔工具"勾勒出图像底稿。

勾画过程中要边描边修改，力求底稿保留模型的特征，不失真。

图 1-14（a）与图 1-14（b）之间和图 1-14（c）与图 1-14（d）之间的对比展示了底稿和人物模型之间的关系，可以通过对比它们之间的关系来体会人物形态上的哪些部分在对底稿发生作用，如图 1-14 所示。

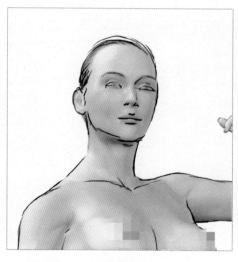

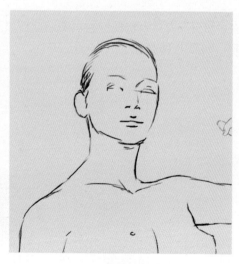

(a)　　　　　　　　　　　　　　　　　(b)

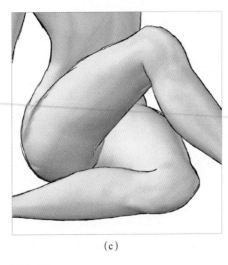

(c)   (d)

图 1-14

STEP 3 以底稿为基础，可以继续发挥，为其绘制出个性化的形象和装束，并且对 Poser 模型不足的地方进一步修改。书中的这个范例我们对其面部的方向和耳朵的形状进行了调整，如图 1-15 所示。

图 1-15

STEP 4 在"图层"窗口中将模型的层透明度还原为 100%，对比一下线稿和模型之间的差异进行调整，如图 1-16 所示。

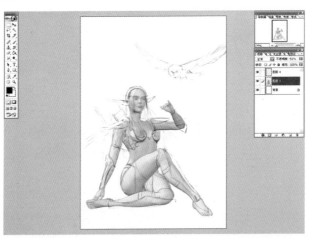

图 1-16

1.3 人体主要颜色及形体描绘

STEP 1 "色彩平衡"是一个功能较少但操作直观、方便的色彩调整工具,在"色调平衡"选项中将图像笼统地分为暗调、中间调和高光3个色调,每个色调可以进行独立的色彩调整。"色彩平衡"对话框中的3个滑块运用了色彩原理中的反转色:红对青,绿对洋红,蓝对黄。属于反转色的两种颜色不可能同时增加或减少。

> 知识点
>
> 色彩平衡的快捷键 【Ctrl+B】。

根据作画的对象——精灵,通过"色彩平衡"功能将模型的肤色调节为需要的紫色,如图1-17所示。

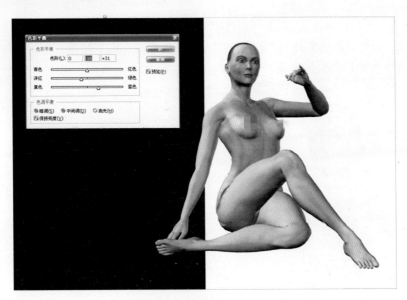

图 1-17

STEP 2 工具栏中有一个类似化学实验中吸管的按钮,这就是 Photoshop 中用于吸取图像中的颜色或检验几个点的颜色的"吸管工具"。在图像制作过程中,按住【Alt】键,可启用吸管功能,指向所需色彩,单击后将改变当前前景色,用于下一步操作。

> 知识点
>
> 吸管工具的快捷键【Alt】。

将修改后的底稿再次叠加到模型上,使用"笔刷工具"对边缘进行绘制,以消除模型生成时边缘出现的锯齿,使其更加柔和自然。绘制过程中,可以不断地使用习惯工具在原始模型上选取绘制区域所用的色彩,保证绘制部分与原始模型的统一,如图1-18所示。

图 1-18

STEP 3 根据线稿，运用"画笔工具" <mark>✦</mark> 重新绘制人物面部朝向，拟定初稿。如图 1-19 所示的组图展示的就是修改前后的对比效果。

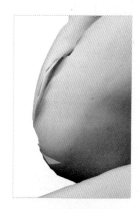

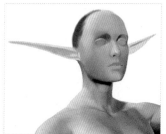

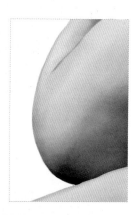

图 1-19

1.4 人体各个部分的描绘

下面进行人体各个部分的描绘，首先进行眼睛的绘制。

STEP 1 在"图层"窗口中单击 <mark>⊡</mark> 按钮，新建名为"眉目"的图层，利用"画笔工具"，绘制出眼白和瞳孔的光泽。这里要注意的是光泽部分存在半透明和渐变的特性，所以选择笔刷时应注意选择带有羽化效果的直径较小的笔刷，以便于表现光泽的特性，如图 1-20 所示。

图 1-20

STEP 2 在"皮肤"图层中绘制出眼影的细节，以表现眼部的质感，如图 1-21 所示。

图 1-21

STEP 3 在"眉目"图层中绘制出睫毛和眉毛，如图 1-22 所示。

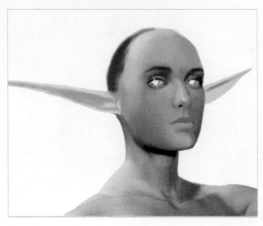

图 1-22

STEP 4 人物模型表面的色彩衔接，由于 Poser 本身的缘故，会呈现缺乏自然衔接的块状，所以需要在"皮肤"图层中进一步调节皮肤的高光部及暗部，利用画笔完成不同亮度区域和色彩区域的自然渐变，同时给嘴唇涂上颜色和高光，如图 1-23 所示。

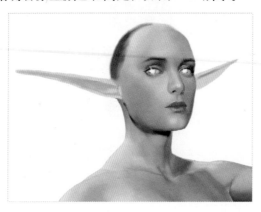

图 1-23

STEP 5 在"图层"窗口中单击 按钮新建一个图层，在该图层上画出头发部分。由于头发形成的大面积暗色调与原绘制的面部可能存在协调上的问题，如果是这样，应再次调节面部的亮度，使其配合得更加自然，如图 1-24 所示。

图 1-24

STEP 6 调整前景色，绘制头发的暗部，如图 1-25 所示。

图 1-25

STEP 7 用小直径的笔触绘制头发的高光部分。注意，这时不能采用带有羽化的笔触，头发高光部分应该有更高的锐度才能体现头发丝丝入扣的质感，如图1-26所示。

图 1-26

注意

画的时候要注意头发的走向和结构。

STEP 8 模型的耳部依照底稿制作而成，所以对于人物本身而言形态难免过于生硬。这时候我们可以选中"皮肤"图层，利用"矩形选框工具" 选中耳朵的部分，如图1-27所示。

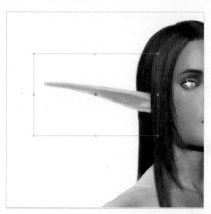

图 1-27

STEP 9 单击鼠标右键选择快捷菜单中的"自由变换"命令，如图1-28所示。

图 1-28

STEP 10 对选区进行旋转，使耳朵部分更符合生长的特性。对另一侧的耳朵执行相同的操作，注意两侧的协调，如图 1-29 所示。

图 1-29

知识点

由于 Photoshop 中"层"概念的导入，使得我们在选中不同图层进行操作时不会影响到其他层，非常方便。这样，在调整耳朵的时候，耳根和脸部的连接处会被头发遮住，不会对画面造成影响。

STEP 11 放大工作区域，对耳朵的细节进行更多的描绘，注意明暗和体积的关系，将变换中出现的多余的头发去掉，如图 1-30 所示。

图 1-30

1.5 皮革质感的制作

知识点

皮革质感的制作是 Photoshop 中一个重要的操作技巧。一幅作品经过长时间的绘制，期间不断有各类素材被导入，给素材在 Photoshop 中命名并对其管理是很重要的。

STEP 1 定义所选素材。在菜单栏中选择【文件】→【打开】命令，导入一张皮革图片素材，选择【图像】→【调整】→【去色】命令将其变成灰阶图片，如图1-31所示。

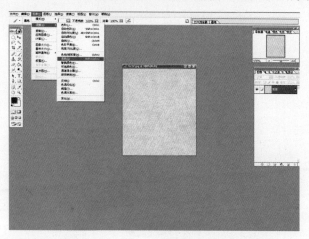

图1-31

STEP 2 在菜单栏中选择【图像】→【调整】→【亮度/对比度】命令调整素材的亮度和对比度，降低画面灰度，提高对比度。选择菜单栏中的【编辑】→【定义图案】命令，如图1-32所示。

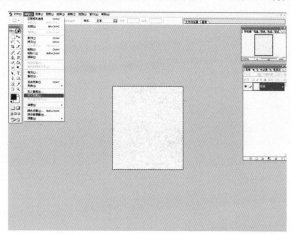

图1-32

STEP 3 给该素材命名，这里命名为"lin17.jpg"，记住为其所命的名，并单击"好"按钮确认命名，如图1-33所示。

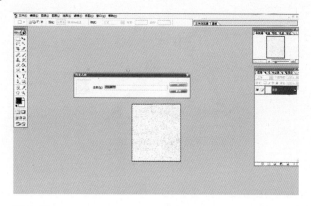

图1-33

STEP 4 在"图层"窗口中单击 □ 按钮新建"皮质感"图层,依据之前绘制的底稿范围,在该层上用单色画出皮革范围。这里所用色彩为皮革固有色,如图1-34所示。

图1-34

知识点

关闭图层。在Photoshop默认界面的右侧,可以看到图层的状态栏前有"眼睛"按钮,单击可使图层处于显示或不显示即关闭状态。它能使我们在对某一图层进行操作时,不受其他图层的干扰,能在复杂的作品中完整地显示某一图层的状态,以便于对该图层进行任何操作。

STEP 5 关闭除"背景"、"皮革"以外的所有图层,选中"皮革"图层,选择菜单栏中【选择】→【色彩范围】命令,在"色彩范围"对话框中,以白色显示的则为选中部分,如图1-35所示。

图1-35

STEP 6 调节颜色容差,使显示范围与我们绘制的"皮革"范围一致,之后单击"好"按钮确认该选择,如图1-36所示。

调整容差

图 1-36

STEP 7 单击图层前的"可视状态"按钮 恢复之前关闭的图层，如图 1-37 所示。

图 1-37

STEP 8 在菜单栏中选择【编辑】→【填充】命令，如图 1-38 所示。

图 1-38

STEP 9 在弹出的对话框中选择填充方式为"图案",单击"好"按钮确认,如图 1-39 所示。

图 1-39

STEP 10 这时候看到,在前面的步骤中命名的素材出现在选择列表中,选择它,单击"好"按钮确认,如图 1-40 所示。

图 1-40

这时的效果如图 1-41 所示。

图 1-41

STEP 11 在图层状态栏中，将"皮质感"图层的属性改为"正片叠底"，如图 1-42 所示。到此，作品中皮革的质感和固有色就完成了，如图 1-43 所示。

图 1-42

图 1-43

1.6　羽毛的绘制

下面绘制人物身上的羽毛。

STEP 1　在"图层"窗口中新建名为"金属"、"羽毛"的两个图层，根据草稿用固有色完成两者大致的形状，如图 1-44 所示。

图 1-44

STEP 2　选择另一色彩，要跟刚才绘制的固有色有所区别，以此来绘制每一片羽毛的茎和边缘，如图 1-45 所示。

图 1-45

STEP 3　同样，为了表现毛发的质感，此时选用较小的笔触来绘制羽毛的纹路，如图 1-46 所示。

图 1-46

STEP 4 继续绘制出所有羽毛的纹路，注意羽毛的明暗、色泽，即相互之间穿插的关系，以此来实现整体的透视感，如图 1-47 所示。

图 1-47

1.7 金属质感的绘制

在绘画过程中，选取色彩的评估过程会受到多方面因素的干扰。背景色就是重要的干扰因素之一。一般绘画过程中白色的背景常常被用到，而真实物理环境下纯白色的环境是非常少的，所以为了对所用色彩有正确的认识，把背景色改为灰色能帮助我们更好地把握画面。

STEP 1 新建"金属"图层，在该层绘制出大概的明暗关系，如图 1-48 所示。

图 1-48

STEP 2 绘制金属颗粒感，如图 1-49 所示。

图 1-49

STEP 3 用较细小的笔触（1 像素）画出颗粒感，如图 1-50 所示。

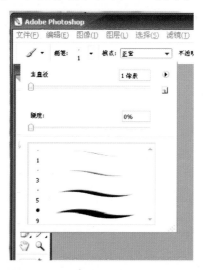

图 1-50

STEP 4 绘制一定范围后，可利用"图章工具"快速地进行大面积的绘制。

知识点

"图章工具"：在Photoshop里面打开图片单击"图章工具"，或者按快捷键【S】，在要复制的地方按住【Alt】键单击鼠标，释放，然后用鼠标单击要复制到的地方，按住一直不停地涂抹就可以，图章大小可以调节，按"["键或"]"键即可（【P】键的旁边），同样可应用于橡皮擦工具和画笔大小的调节。

STEP 5 由于人物模型的特点，两腿上的金属护腿所呈现角度类似，且受光情况基本相同，所以可采用"复制-调整"的方法快速地完成另一边护腿的绘制工作。用"套索工具"框选已绘制完成的一块金属护腿，如图1-51所示。

图 1-51

STEP 6 单击鼠标右键，在弹出的菜单中选择"通过拷贝的图层"命令，这样就顺利地生成了一个只有选中部分金属图案的新图层，如图1-52所示。

图 1-52

STEP 7 在生成的新图层上单击鼠标右键，在弹出的菜单中选择"自由变换"命令或按快捷键
【Ctrl+T】，如图 1-53 所示。

图 1-53

STEP 8 按照之前完成的"金属"图层单色部分，调整好该"金属护腿"图层的位置和角度，用鼠
标任意单击后，在出现的对话框中单击"应用"按钮确认该变换，如图 1-54 所示。

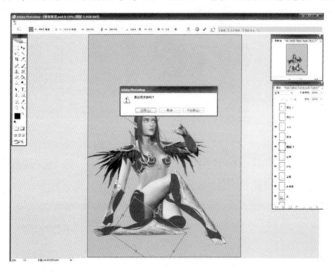

图 1-54

注意

确认变换应用还有两种更方便的方法：一是变换完成后，直接双击变换后的图层；
二是变换完成后，按回车键，同样可以确认变换。

STEP 9 为了更方便地对复制后的图层进行修正，可以把整个画面逆时针旋转90°。选择菜单栏中
的【图像】→【旋转画布】→【90度（逆时针）】命令。因为绘制所用图片尺寸较大，所以
根据电脑配置的不同，这个过程所用时间也不一样，请等待旋转完成后再操作，如图 1-55
所示。

图 1-55

STEP 10 在完成旋转后的图像上用工具栏中的"矩形选框工具" □，选中复制的金属图层部分，如图 1-56 所示。

图 1-56

STEP 11 选择菜单栏中的【滤镜】→【扭曲】→【切变】命令，如图 1-57 所示。

图 1-57

STEP 12 在切变模式中选择"折回"。调解网格中的曲线，通过效果预览，发现切变后的金属层与之前的单色层基本吻合后，单击"好"按钮确认该变形，如图 1-58 所示。

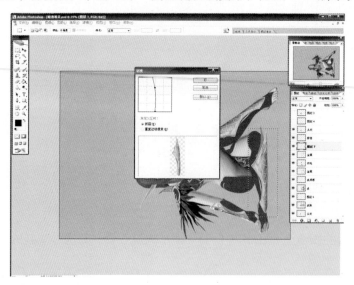

图 1-58

STEP 13 完成上述步骤后，选择【图像】→【旋转画布】→【90 度（顺时针）】命令，把图案还原成原始角度，如图 1-59 所示。

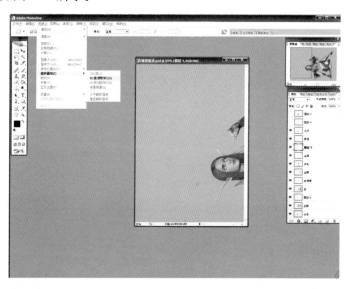

图 1-59

STEP 14 观察发现，调整过的金属部分和原始底稿仍然还是会有一定的误差，造成部分区域色彩有溢出，所以用之前绘制金属的方法进行调整，擦去多余的部分，补上缺失的部分，如图 1-60 所示。

图 1-60

修改的结果如图 1-61 所示。

图 1-61

STEP 15 将刚刚完成的金属图层部分与原来建立的"金属"图层合并。至此，金属部分的绘制工作就基本完成了，如图 1-62 所示。

图 1-62

1.8 皮革及皮带的绘制

STEP 1 找到之前建立的"皮革"图层，用"笔刷工具"绘制出皮革本身的明暗及色彩变化，如图
1-63 所示。

图 1-63

STEP 2 找到"皮质感"图层，如图 1-64 所示。

图 1-64

STEP 3 在"皮质感"图层上方建立"皮带"图层，在"皮带"图层上绘制出皮革边缘的线，如图
1-65 所示。

图 1-65

STEP 4 在护手和护腿部分同样绘制出皮带，如图 1-66 所示。

图 1-66

1.9 调整皮肤及绘制弓箭

步骤进行到此，回过头来观察发现，一直没有进行修正的肤色还是显得较生硬，所以对皮肤的调整现在尤为必要，如图 1-67 所示。

图 1-67

STEP 1 选中"皮肤"图层，使用"画笔工具" 在该图层上均匀涂抹。注意一次涂抹面积不要太大，对于操作失误的部分要及时运用按【Ctrl+Z】键的操作进行恢复。操作完成后，会发现人物的肤色变得柔和了，如图 1-68 所示。

图 1-68

STEP 2 由于"弓箭"图层位于所有图层之后，所以直接在"背景"图层上建立新图层，命名为"弓箭"图层。在该层上用单色绘制出弓箭的大致形状，如图 1-69 所示。

图 1-69

STEP 3 修整弓的形状，利用光照形成的明暗对比，勾勒弓的边缘，使其外形更加精确，如图 1-70 所示。

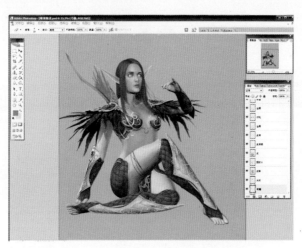

图 1-70

STEP 4 绘制弓上面的花纹，如图 1-71 所示。

图 1-71

STEP 5 用深色绘制出箭。由于和弓在同一层，所以绘制的时候要注意物体的前后关系，不可以把弓的部分遮住了，如图 1-72 所示。

图 1-72

STEP 6 跟绘制羽毛的方法相同，在箭的末端画上羽毛，并在末尾尖端的地方加上饰品，调整箭杆的位置，将羽毛下方的部分做成镂空状，将箭之间分离的状况绘制出来，如图 1-73 所示。

图 1-73

1.10 飞鸟的绘制方法

下面绘制画面中的飞鸟。

STEP 1 在"图层"窗口中单击 按钮新建"鸟"图层，根据线稿绘制鸟的大致形状，如图 1-74 所示。

图 1-74

STEP 2 先绘制出面部大致轮廓，如图 1-75 所示。

图 1-75

STEP 3 对身体部分形态进行修整，如图 1-76 所示。

图 1-76

STEP 4 绘制大致的颜色，如图 1-77 所示。

图 1-77

STEP 5 对两翼进行进一步的描绘。刻画羽毛的细节部分要注意的是羽毛的走向，其方向应该围绕两翼的骨骼呈放射状发散，而不能只注意两侧羽毛的对称性，如图 1-78 所示。

图 1-78

1.11 背景的绘制方法

下面绘制背景。

STEP *1* 在"图层"窗口中单击 ⬚ 按钮新建"背景"图层，在该图层上绘制好场景的线稿，如图 1-79 所示。

图 1-79

STEP *2* 使用"画笔工具" ✎，根据线稿绘制出背景的大体颜色和形状，如图 1-80 所示。

图 1-80

STEP *3* 对背景进行细节描绘，此时可以引入对比度，对不同远近的景物让其呈现出不同的对比，以此来体现场景的透视感。基本原则为：近处颜色饱和度高，对比强烈；远处颜色饱和度低，对比度低。预览效果如图 1-81 所示。

图 1-81

STEP 4 由于绘制流程的关系，人物一直在所选画布中"占地面积"较大，所以为了使之与背景配
合，适当将画面放大。选择菜单栏中的【图像】→【画布大小】命令，如图 1-82 所示。

图 1-82

STEP 5 在弹出的对话框中选择"百分比"模式，如图 1-83 所示。

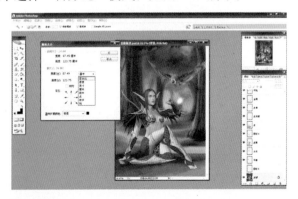

图 1-83

STEP 6 将"百分比"数值调节为115，单击"好"按钮，如图1-84所示。

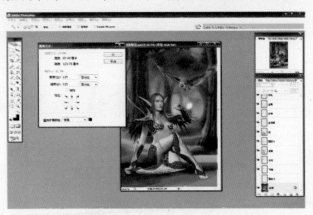

图1-84

STEP 7 确认放大的操作，画布的可操作区域变大了，以利于后面的工作，如图1-85所示。

图1-85

STEP 8 选择"背景"图层，用"矩形选框工具" 框选图案的背景区域，单击鼠标右键，选择"自由变换"命令，将背景图片调整到和当前画布同等大小，如图1-86所示。

图1-86

STEP 9 确认无误后，用鼠标双击变换区域，以确认该操作，或者单击"应用"按钮以完成变换，如图 1-87 所示。

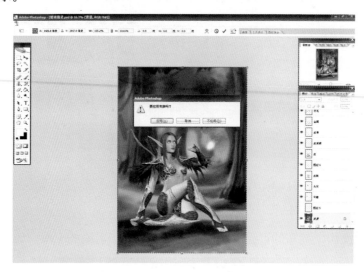

图 1-87

STEP 10 选中最上层的"原始线稿"图层，按住【Shift】键，选中"背景线稿"图层上方的"弓箭"图层，这样可将多个图层同时选中，以方便我们用"移动工具"来调整人物主体和鸟的方位，如图 1-88 所示。

图 1-88

注意

一次选中多个图层在 Photoshop 里面是一个简单但重要的操作，它能够简化且稳定很多烦琐的操作，确保画面元素的准确无误。

STEP 11 选中"鸟"图层，调整方位，背景绘制的首个阶段完毕，最终效果如图1-89所示。

图 1-89

1.12 草地的制作方法

经历了前面的多个步骤可以看到，几乎所有元素均由我们绘制出来，为使效率更高而画面元素的质量有更好的保证，对于自然界中的真实物体，比如背景中的很多元素，可以采用手上现有的素材进行加工，使之成为绘画作品中的一个完整部分。在以下步骤中，会多次运用素材进行操作。

STEP 1 打开一张草地的图片素材，如图1-90所示。

图 1-90

STEP 2 将素材用鼠标以拖动的方式放置于作品的画布上，在"图层"窗口里面调整图层的位置，使其位于"背景"图层上方，如图1-91所示。

图 1-91

STEP 3 修改该图层的叠加方式，将默认的"正常"改为"柔光"，如图 1-92 所示。

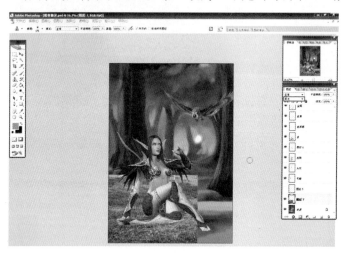

图 1-92

STEP 4 素材图片往往过于真实，但不会考虑到设计画面的构成方式，所以可以使用"图章工具"对其进行一些修改，如图 1-93 所示。

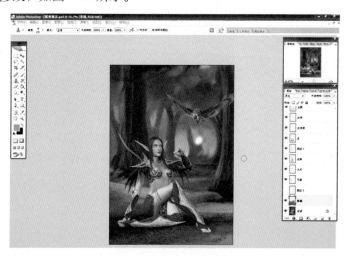

图 1-93

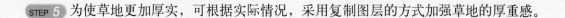

STEP 5 为使草地更加厚实，可根据实际情况，采用复制图层的方式加强草地的厚重感。

注意

复制图层的操作方法，选中所需图层，采用鼠标拖动的方法将图层拖至"创建新的图层"按钮，至此，图层复制完毕，如图 1-94 所示。

图 1-94

STEP 6 "橡皮擦工具" 在此处有两大用途，首先是去除草地的多余部分，再有就是通过调整橡皮擦的"不透明度"改变它的边缘羽化程度，如图 1-95 所示。在擦除过程中，使草地素材呈现逐渐融于水中的效果，如图 1-96 所示。

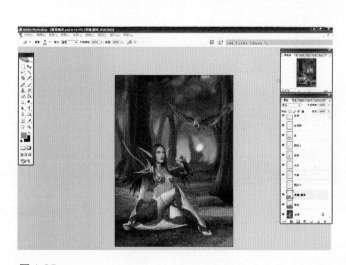

图 1-95

图 1-96

1.13 树木的制作方法

下面绘制树木。

STEP 1 导入树叶的图片素材，如图 1-97 所示。

图 1-97

STEP 2 运用导入草地的方法将该素材放置于"草地"图层的下方，并放在树叶的位置上，如图 1-98 所示。

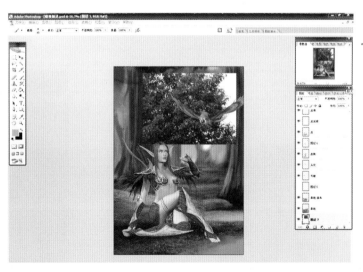

图 1-98

STEP 3 素材所用图片一般为物体特写，所以难免偏大。如果出现这样的情况，可以利用前面用到的 "自由变换"命令来改变素材大小，使之与我们的作品相适应，变换过程中为保持画面比例， 在进行变换操作的同时，按住【Shift】键。树叶素材变换完成后，将其叠加方式改为"柔光"， 如图 1-99 所示。

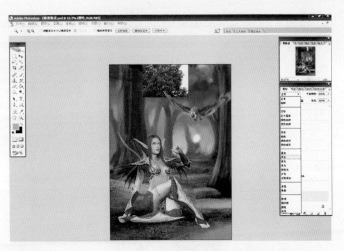

图 1-99

STEP 4 "柔光"模式下树叶的颜色会较深，为了将其调亮些，可以选择菜单栏中的【图像】→【调整】
→【曲线】命令，如图 1-100 所示。

图 1-100

STEP 5 在弹出的对话框中调节曲线至所示样式或类似样式,直到树叶可以透出下面的颜色且明暗对
比符合作品要求为止,单击"好"按钮,确认此次操作,如图 1-101 所示。

图 1-101

STEP 6 使用"图章工具"将树叶覆盖至作品所需的范围，如图1-102所示。

图1-102

STEP 7 观察树叶现在的效果，由于作品描绘的是较暗的环境，所以树叶此时呈现的锐利的感觉和我们所需求的效果不一致，这时可以选择菜单栏中的【滤镜】→【模糊】→【镜头模糊】命令，如图1-103所示。

图1-103

STEP 8 在弹出的对话框中对镜头模糊的具体参数进行调整，如"半径"、"叶片弯度"、"旋转"的数值，单击"好"按钮，确认调整的效果，如图1-104所示。

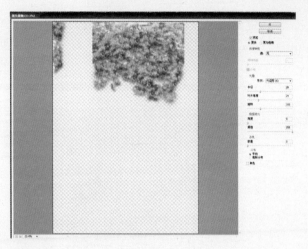

图 1-104

调整后效果如图 1-105 所示。

图 1-105

STEP 9 复制"树叶"图层，通过对其明暗、色彩和透明度的调节使树叶显得更加丰富。然后同草地
的制作方法一样，将多余的部分擦除，衔接处可通过调整橡皮的边缘羽化程度，使过渡更加
自然，如图 1-106 所示。

图 1-106

STEP 10 在"背景"图层上，深入地刻画树干和路灯的细节部分。之后，按照草地和树叶的制作方法，将素材"树皮"放在树干部位，并且调整叠加方式为"柔光"，同时调整"不透明度"为59%，如图 1-107 所示。

图 1-107

STEP 11 新建"雾"图层，使用"画笔工具" ，按住【Alt】键，用吸管选取树干附近空气的蓝色，在树干周围绘制雾气的效果，如图 1-108 所示。

图 1-108

1.14 花卉的绘制方法

下面绘制花卉。

STEP 1 新建"花"图层。确定花的方位后用单色绘制出花的大概形态，如图 1-109 所示。

图 1-109

STEP 2 绘制花卉的具体形状，如图 1-110 所示。

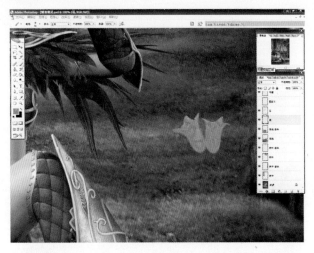

图 1-110

STEP 3 绘制叶子的具体形状，色调的选取、笔刷的运用方面要注意与周围环境的衔接，如图 1-111 所示。

图 1-111

STEP 4 进一步刻画花瓣的细节，通过增加高光和阴影来增强花瓣的质感。在花瓣周围增加高光的粒子能极大地增强画面的神秘感和美感，如图 1-112 所示。

图 1-112

STEP 5 绘制产生花卉奇幻元素的光点，如图 1-113 所示。

图 1-113

STEP 6 羽化光点，留意叶子的明暗关系和色彩变化，注意与花朵的衔接，如图 1-114 所示。

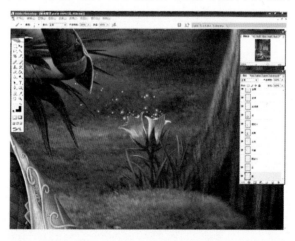

图 1-114

STEP 7 在"花"图层下面新建一个图层，用"画笔工具"喷出一片光晕，使得花瓣周围的空气感和立体感大大增强，如图 1-115 所示。

图 1-115

步骤进行到此，画面的各个元素基本完成。

1.15　画面的调整

现在进入一个很重要的步骤，在这个步骤中，把分布完成的各个元素有机地统一起来，使得作品更协调。

STEP 1 在"金属"图层上新建"金属颜色"图层，在金属的反光部位绘制出背景的蓝色，如图 1-116 所示。

图 1-116

STEP 2　将该图层的叠加方式改为"叠加",如图 1-117 所示。

图 1-117

STEP 3　擦除反光过于夸张的部分,使之自然地附着于金属层表面,如图 1-118 所示。

图 1-118

STEP 4　同样的方法,在"皮肤"图层上新建"皮肤颜色"图层,在皮肤的反光部位绘制出背景的蓝色光线,如图 1-119 所示。

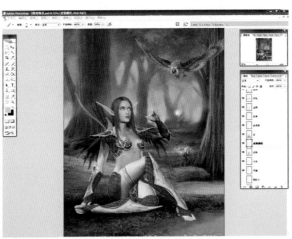

图 1-119

STEP 5 改变皮肤反光的叠加方式，修改反光层，如图1-120所示。

图1-120

STEP 6 在"皮"图层上新建"皮颜色"图层，在皮的反光部位绘制出背景的蓝色，如图1-121所示。

图1-121

STEP 7 将"皮质感"图层的叠加方式改为"叠加"，擦除多余部分，如图1-122所示。

图1-122

STEP 8 为统一背景和前景，可以通过加强背景和前景的交互关系来增强这种统一。在"鸟"图层上新建"水"图层，着重刻画淹没脚部分的水，并将该层的叠加方式改为"正片叠底"，如图1-123所示。

图 1-123

STEP 9 在"水"图层上新建"水波"图层，用暗调绘制出水的波纹，如图1-124所示。

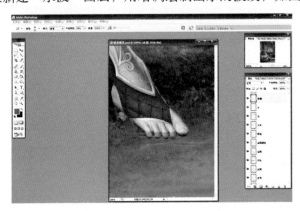

图 1-124

STEP 10 在"背景"图层中，根据远近关系可以进一步细化近处的树干和树叶，而在远处的元素注意不要设置较高的对比度，如图1-125所示。

图 1-125

经过了这些步骤，这样一幅作品最终完成了，请注意保存psd文件。

第 2 章

娇兰佳人

从本章开始，忽略在 Poser 中的人物创建过程，重点讲解 Photoshop 中的处理技法。这些技法不但适用于使用 Poser 创建的人物图像、其他三维软件，甚至真人的照片都可以用这些技法来重新赋予生命力。

本章开始使用的图像由 Poser 创建，在 Photoshop 中重新绘制。这个过程主要依靠画笔完成，因此本章会重点讲解画笔的使用技术。由于三维图像太过于理性，不太有图画的感觉，所以基本上所有部分都是重新绘制的，三维模型在这里主要起参考作用。对于读者来说，可以特别比较一下原图与重新绘制之后的图的区别，会得到更多有用的启示。

如何得到令人满意的原始图像是首先要考虑的问题。如果不能得到合适的原始图像，那么就无法创建完美的最终作品。在绘制一幅作品的时候，应该对要完成的效果做到心中有数，

到底要表现一个什么样的主题，要表现什么感觉，画面是什么样的风格，主要使用什么技法，得到什么样的效果等。如果不能随时把握住这些要素，最终的作品就可能失去想要表达的特点，甚至失去最基本的美感。

本章将重点介绍如何使用 Photoshop 的自带笔刷及自定义笔刷的功能，绘制出类似油画效果的图像。

2.1　设计造型

下面进行造型设计。

STEP 1 使用 Poser 设计好人物的姿势，并且设置好初始灯光效果，如图 2-1 所示。

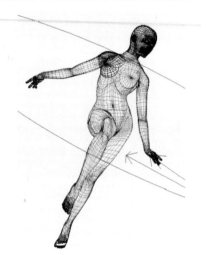

图 2-1

STEP 2 可以将模型旋转不同角度，同时可以对灯光进行调整，以观察模型呈现的不同效果，最后确定底稿线条，如图 2-2 所示。

图 2-2

STEP 3 确定角度后对模型进行渲染，根据需要的尺寸设置输出大小，如图2-3所示。将文件保存在指定的地方即可。

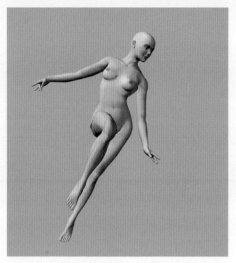

图2-3

STEP 4 打开Photoshop，双击软件界面中的空白工作区域，通过出现的浏览器找到刚刚保存的人物模型，导入该图片。选择菜单栏中的【图像】→【调整】→【曲线】命令，按如图2-4所示的形态调整曲线形状，提升模型暗部的亮度，来统一图片的色彩，将图片的明暗和色彩调整得更加适合二维图像，使人物表面皮肤的过渡更加平滑。这一步的操作结果将直接影响图片最后的效果，因此要一直调整到自己满意为止。最后完成效果如图2-4所示。

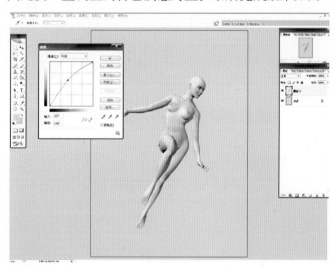

图2-4

2.2 修整底稿

下面进行底稿修整。

STEP 1 建立一个新图层，命名为"线稿"。使用"画笔工具" ✎ 在"线稿"图层上勾画图像底稿。参照人物的立体模型，在该图层上进行勾画，同时注意对底稿的修整，如图 2-5 所示。

图 2-5

STEP 2 单击"模型"图层前面的"眼睛"按钮 👁 取消该图层的可视状态，完成底稿如图 2-6 所示。

图 2-6

STEP 3 虽然 Poser 中模型已经比较精致，但看起来还是比较生硬，皮肤质感好像木头，明暗和关节部分过渡欠缺自然，为了使其更加接近人体皮肤，可以用"画笔工具" ✎ 将过渡部分柔化、平滑间隙，注意选用笔刷时笔刷的参数设定过程中还可对人物的颜色和造型进行调整，如图 2-7 所示。

图 2-7

注意

柔化所用笔刷应严格选择，通常带有羽化边缘的笔刷更能胜任柔化的工作，在笔刷类型的预置效果里面，两种形式的笔刷区别较明显，如图 2-8 所示。

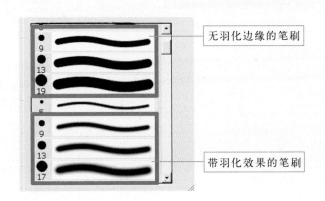

无羽化边缘的笔刷

带羽化效果的笔刷

图 2-8

STEP 4 面部的造型也可以根据自己的喜好用画笔进行调整。面部可以刻画得更加红润一些，其余背光部分可以稍稍偏绿，以形成对比的效果。通过调整，改变了人物面部的朝向，如图 2-9 所示。调整过程中应及时调整所选取的色彩。

图 2-9

注意

为获得真实、自然的肤色效果，建议在绘制时按住【Alt】键，使鼠标呈 ✐ 状态，对需要修改的部分取色，取色完成后，在工具栏下方的 ▦ 区域中的上面一个方块的色彩便是选取的色彩，单击该方块，出现"拾色器"对话框，在该对话框中，再对"选色滑块"向偏红或偏暖的方向移动，便能获得较自然的红润色彩，如图2-10 所示。

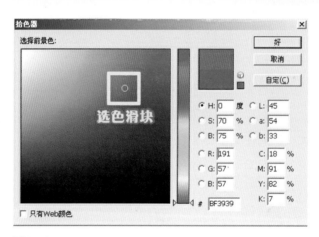

图 2-10

注意

选择"吸管工具" ✐ ，按住【Alt】键，进入到选色状态，在屏幕任意区域选取需要的色彩后，单击鼠标确认。

2.3 面部的绘制

下面进行人物面部的绘制。

STEP 1 单击"图层"窗口中的 ▢ 按钮，新建名为"眉目"的图层，在图层上画出眉目的位置和轮廓，然后描绘出眼睛的固有色，如图 2-11 所示。

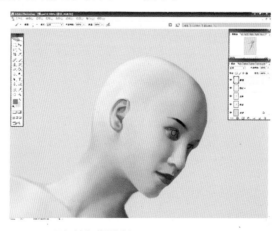

图 2-11 眼部的初期绘制

STEP 2 换用直径更小的笔刷，更深入地刻画"眉目"，画出眼球的高光、眼皮的结构和睫毛及一根根的眉毛。绘制所用色彩可以与模型产生适当的对比，以突出细节的立体感，如图2-12所示。

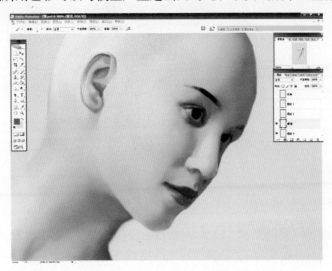

图2-12

STEP 3 刻画出面部的细节，为使人物呈现出更自然的肤色，可以将鼻子（包括鼻翼部分）画得有些偏红，并将嘴巴的明暗过渡柔化。耳朵部分也采用偏红的处理方法，使得人物面部更有血色，如图2-13所示。

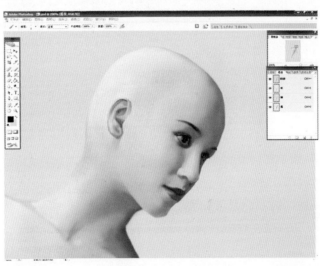

图2-13

2.4 头发的绘制

下面进行人物头发的绘制。

STEP 1 新建两个"头发"图层，注意图层摆放的位置，一层放在"背景"图层的上方，另一层放在"眉目"图层的上方。在下方的"头发"图层用固有色画出身体后面飘飞的头发的大致形态，在上层的"头发"图层绘制出额头的头发。基本效果如图2-14所示。

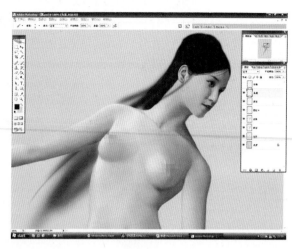

图 2-14

STEP 2 用较浅的颜色绘制头发的光泽，以显示出头发的走向，同时更加深入地描绘出部分发丝。可以调整画笔的"不透明度"，改变绘制的光洁度，以使发丝看上去更加自然，如图 2-15 所示。

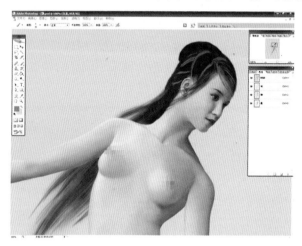

图 2-15

STEP 3 用较浅的颜色绘制出头发的高光部分，绘制时以头发的走向和光源方向为基础，特别注意和光源部分的配合要一致，如图 2-16 所示。

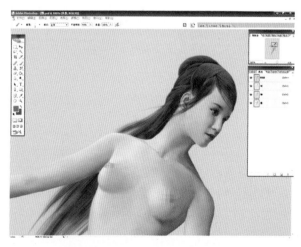

图 2-16

2.5 服装的绘制

下面进行人物服装的绘制。

STEP *1*　在"头发"图层上方新建"衣服"图层，单击"线稿"图层前的 ◉ 按钮，恢复"线稿"图层的可视状态，参考线稿的衣服区域，用灰色调绘制出衣服的大体形状，该过程中不必一定覆盖线稿的图案，只要大致走向符合即可，实际绘制中可放得更开些。然后新建"束腰"图层，用黄色绘制出束腰的形状，接着新建"腰带"图层，用红色绘制出腰带和手臂上的带子，如图 2-17 所示。

图 2-17

STEP *2*　对衣服的质感进行第（1）步的制作：在"衣服"图层上亮部用白色、暗部用偏向肤色的灰色绘制出服装的褶皱，这里要注意所选色彩明度和环境光源的配合，不要太过突兀。这样的用色方法可以使服装有一种半透明的感觉，如图 2-18 所示。

图 2-18

STEP 3 "束腰"图层上绘制出束腰的褶皱和体积关系。

> **注意**
>
> 这里的暗部可以用稍微偏绿的颜色而不是惯用的灰色,这样可以使画面看起来更自然。效果如图 2-19 所示。

图 2-19

STEP 4 为了使绘画的笔触更加丰富,可以自己生成新的笔刷。选择【文件】→【新建】命令建立一个新文件,背景色为白色,然后用像素为1的黑色画笔绘制出几个相近的点。画好以后用"矩形选框工具" 选中这几个点,如图 2-20 所示。

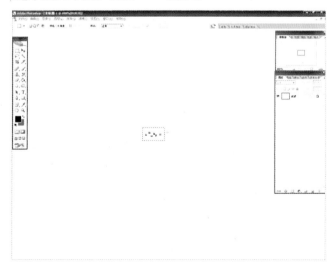

图 2-20

STEP 5 选择菜单栏中的【编辑】→【定义画笔预设】命令，如图2-21所示。

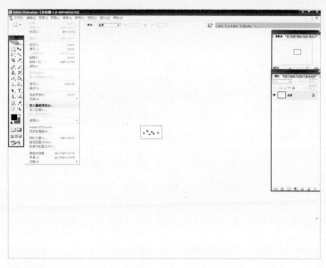

图 2-21

STEP 6 在弹出的对话框中为笔刷命名，单击"好"按钮，保存该笔刷，如图2-22所示。这样，新的笔刷就生成了。为了使笔刷更加多样化，可以运用前面的方法多生成几个笔刷。制作过程如图2-23所示。

图 2-22

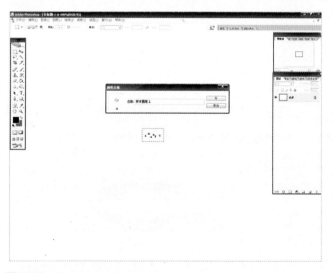

图 2-23

STEP 7 选中"画笔工具"，在"画笔工具"的下拉菜单中，选中刚才新生成的笔刷，如图2-24所示。

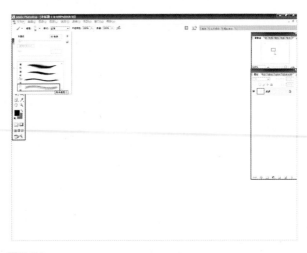

图 2-24

STEP 8 调整自定义的笔刷。用新的笔刷在画布上试画，可以发现画出的笔触并没有毛刷的效果，而是一些断开的点。这时，可以打开位于右上角的"画笔"窗口，选中"画笔笔尖形状"命令，如图 2-25 所示。调整"间隔"直到预览的笔刷形成连续的笔画为止，如图 2-26 所示。

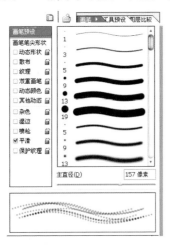

图 2-25

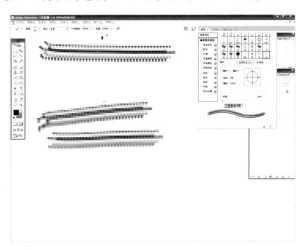

图 2-26

STEP 9 重新在画布上试画，笔触呈现出我们所需要的连贯刷状效果，如图 2-27 所示。

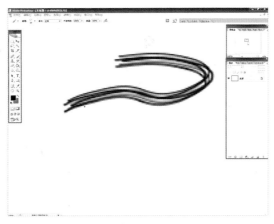

图 2-27

STEP 10 用新建的笔刷在"束腰"图层更深入地绘制出褶皱的立体感。物体在环境中呈现的色彩往往是本身的颜色加上环境光的干扰，所以在接近腰带的地方可以加入一些红色作为环境的影响，使画面看上去更真实自然，如图2-28所示。

图2-28

STEP 11 在"腰带"图层绘制出腰带大体的褶皱，注意之间的穿插关系。然后用新生成的笔刷绘制出腰带的结构，如图2-29所示。

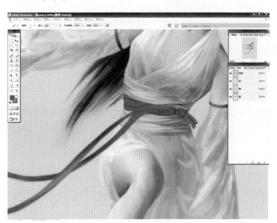

图2-29

STEP 12 腰带亮部可以用比较纯的红色、暗部的某些地方可以用偏黄绿色作为束腰对腰带颜色的影响，如图2-30所示。

图2-30

2.6 背景的绘制及画面的调整

下面进行背景的绘制及画面的调整。

STEP 1 选中"图层"窗口的"背景"图层，在"背景"图层上按预先设定的区域，用固有色粗略地
绘制出背景。效果如图 2-31 所示。

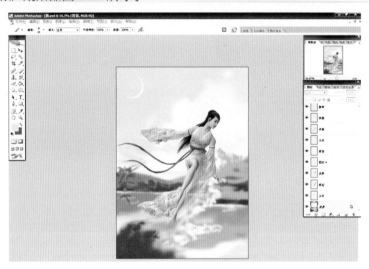

图 2-31

STEP 2 单击"图层"窗口上的 ▣ 按钮在"腰带"图层上新建"花"图层，绘制出花及叶子的形状
和颜色，如图 2-32 所示。

图 2-32

STEP 3 用较深偏黄绿的颜色绘制出花瓣的茎和花芯，如图 2-33 所示。

图 2-33

STEP 4 深入刻画花朵，花的颜色可稍微偏绿色，花芯偏黄色，注意花瓣间的穿插关系。根据光源适当地描绘花瓣层与层之间的阴影，突出位置关系，如图 2-34 所示。

图 2-34

STEP 5 绘制出叶子的明暗及色彩，注意相互间的穿插关系，如图 2-35 所示。

图 2-35

STEP 6 在"花"图层上新建"花卉"图层，在"花卉"图层上绘制出花丛的形状和颜色，先画草再画花。效果如图2-36所示。

图2-36

STEP 7 如果花丛的形状跟画面配合不佳，可以通过"自由变换"命令调整花丛的形状以得到比较满意的构图。绘制出花丛部分的细节，使其看上去稍有体积感，如图2-37所示。

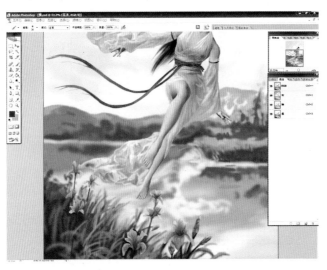

图2-37

STEP 8 由于衣服的颜色和背景不是很协调，所以我们要对其进行调整。选择菜单栏中的【图像】→【调整】→【曲线】命令，在弹出的对话框中调整曲线以达到满意的效果，单击"好"按钮确认，如图2-38所示。

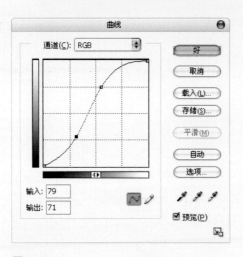

图 2-38

注意

曲线上不同的位置对应画面不同的亮度区域，双击曲线可获得一个可操控的"点"，拖动此点可对画面对应区域的明度进行校正，同时可设定多个点进行调节，如图 2-39 所示。

图 2-39

知识点

曲线。

了解曲线前，我们先明确一个概念，Photoshop 把图像大致分为三部分：暗调、中间调、高光。

在曲线面板中那条直线的两个端点分别表示图像的高光区域和暗调区域。直线其余的部分统称为中间调。直线的两个端点可以分别调整，其调整结果是高光部加亮或者暗部减暗。

而改变中间调可以使画面整体加亮或者减暗，但明暗对比不变，色彩饱和度略有增加。同时"曲线"命令可以对画面的单一通道进行单独操作，这个效果跟色彩平衡功能类似，但由于增加了明度的阶梯控制，所以灵活性更高，效果更丰富。

STEP 9 这时候可以在"衣服"图层深入刻画衣服。将过渡画得柔和一些,并多画出一些褶皱的细节。飘起来部分的背光面可以透出少许下面的底色,使布料看起来更透明,如图2-40所示。

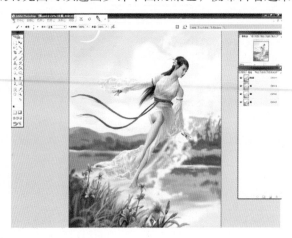

图2-40

STEP 10 在"花卉"图层中深入刻画花丛,绘制出草丛和红色小花的明暗,注意之间的穿插关系,如图2-41所示。

图2-41

STEP 11 在"背景"图层中将背景刻画得更加细致一些,可以使用图2-41所用的笔刷,试着绘制出有一种笔触粗糙的感觉,如图2-42所示。

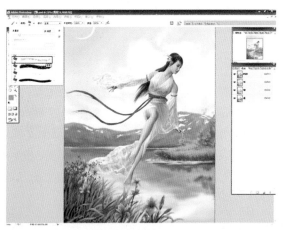

图2-42

STEP 12 在"背景"图层上新建一个图层,绘制出浪花。浪花的水珠部分可以用绘制背景的笔刷及其下面的几个笔刷结合使用。和水面相连的部分直接用画笔绘制,可以调整画笔的"不透明度"以达到更好的效果,如图 2-43 所示。

图 2-43

STEP 13 深入刻画浪花。和绘制衣服一样,对浪花的暗部做半透明的处理。浪花和水面相接的部分,颜色略深,同时注意浪花的投影,这同样影响到浪花的质感,如图 2-44 所示。

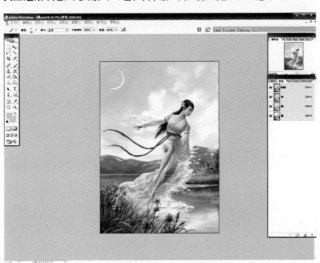

图 2-44

STEP 14 在"花卉"图层上,新建"飞花"图层,根据风向,绘制出蓝色和红色的花瓣,注意花瓣的分布情况,要显示出花瓣飘飞的随意性。接近身体部分的区域,花瓣的密度可以稍微高一些,向远处花瓣的密度递减,逐渐变得稀疏,如图 2-45 所示。

图 2-45

STEP 15 给离人物较近的花瓣增加高光和暗部，加强其立体感，而最远部分的花瓣可以用"橡皮擦工具" 对其部分进行擦除，显出"虚"的感觉来，中间则注意远近两种效果的过渡，如图2-46 所示。

图 2-46

STEP 16 画面的色彩基本完成，重新观察该作品。我们注意到，天空的色彩、明暗度对画面整体的气氛产生了很大的影响，如果出现跟画面主元素不匹配的情况，通过复制"背景"图层，选中"背景 副本"图层，选择菜单栏中的【图像】→【调整】→【亮度/对比度】命令调整，如图2-47 所示。

图 2-47

STEP 17 结合"亮度"和"对比度"两个选项对画面进行调整，直到天空的色彩符合我们的要求，与前景画面达到统一为止，单击"好"按钮确认操作，如图 2-48 所示。

图 2-48

STEP 18 对"背景 副本"图层调整的时候，背景中的山也发生了改变。这时候，可以用"橡皮擦工具"擦去"背景 副本"图层中的山及倒影部分，露出"背景"图层中的山，然后在"背景 副本"图层将天空和云彩太过生硬的地方修改得柔和一些。最后完成作品的效果如图 2-49 所示。

图 2-49

第 3 章

酷女郎

本章要完成的作品不同于前两章，因为没有使用 Poser 模型作为底稿，所以造型方面可以更加随意一些，但这也要求作者具有一定的造型基本功，因此本章内容对一些读者来说可能有少许困难，但是可以作为熟悉电脑手绘操作的练习，也可以作为参考和了解的内容。

由于没有使用 Poser 模型作为底稿，所以本章所有部分的色泽都是使用大小和透明度不同的"画笔工具"绘制完成的。为了使作品更加自然，作者几乎没有使用 Photoshop 中的特殊效果和滤镜，在绘制背景的时候使用了 Photoshop 的图层叠加功能来增加画面的质感和色彩的丰富性。

3.1 绘制底稿

首先我们来进行底稿的绘制。

STEP 1 选择菜单栏中的【文件】→【新建】命令，为新建立的图层命名为"人物线稿"，用"画笔工具" ✐ 在图层上绘制出人物底稿，如图 3-1 所示。

图 3-1

STEP 2 新建"背景线稿"图层，在"图层"窗口中用鼠标拖动该图层，使其确保在"人物线稿"图层之下，用"画笔工具" ✐ 在图层上绘制出背景底稿，如图 3-2 所示。

图 3-2

3.2 面部的绘制

下面进行人物面部的绘制。

STEP 1 单击"图层"窗口中的 ▣ 按钮新建"皮肤"图层，用固有色大致地画出皮肤的颜色，如图 3-3 所示。

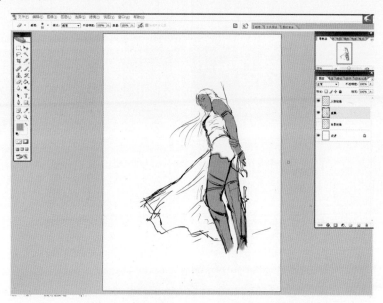

图 3-3

STEP 2 单击工具栏中的 ▣ 按钮，调整笔刷颜色，画出皮肤的受光面，确定好该作品的光源位置，这时为了使绘画可以看得更加精确，调整"背景"图层的颜色，如图 3-4 所示。

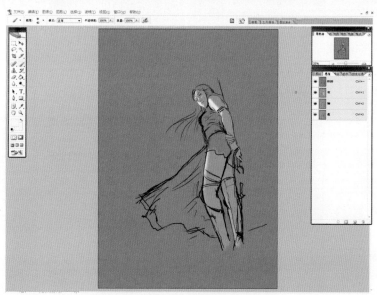

图 3-4

STEP 3 反过来，用较深的色彩画出皮肤的背光面，如图 3-5 所示。

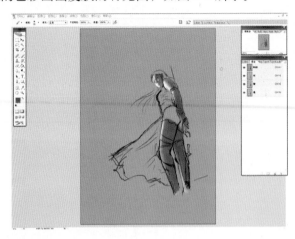

图 3-5

STEP 4 单击"人物线稿"图层前的按钮，关闭该图层，为了下一步工作观察方便，新建"眉目"图层，绘制出眉目的大致轮廓，如图 3-6 所示。

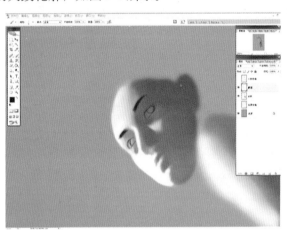

图 3-6

STEP 5 画出眼白和眼珠的固有色，如图 3-7 所示。

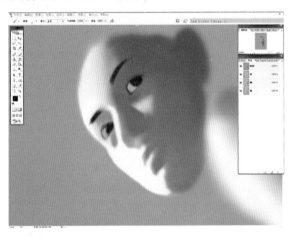

图 3-7

STEP 6 给眼睛添加受光面和背光面，注意与脸部阴影的配合，并且在"皮肤"图层中加强眼睛周围的明暗关系，如图3-8所示。

图 3-8

STEP 7 调节笔刷直径为13，用较细小的笔刷采用眼珠的固有色绘制出眼睫毛并且画出眼睛的高光，如图3-9所示。

图 3-9

STEP 8 绘制出眉毛的细节，受光面可以使用皮肤的颜色，注意两侧眉毛因受光不同产生的不同效果，如图3-10所示。

图 3-10

STEP 9 在"皮肤"图层中绘制出鼻子的明暗及结构关系，注意阴影的方向跟光源的关系，如图3-11
所示。

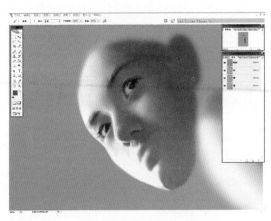

图 3-11

STEP 10 单击工具栏中 ▇ 按钮，在"拾色器"对话框中挑选红色，用红色绘制出嘴唇，高光部分可延
用皮肤高光部分的色彩，如图3-12所示。

图 3-12

STEP 11 根据所绘人物五官的结构，在"皮肤"图层上调整面部的颜色和明暗，使其看上去更加
自然。注意完成图中脸部的阴影，对照上一步中的效果，看看哪些地方需要进行修整，
如图3-13所示。

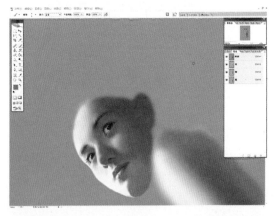

图 3-13

3.3 头发的绘制

下面进行人物头发的绘制。

STEP 1 选中"皮肤"图层下方的图层，单击"图层"窗口的"创建新的图层" 按钮新建名为"头发"的图层，如图3-14所示。

图3-14

STEP 2 调整笔刷直径，首先用较大直径的笔刷绘制出头发的大致轮廓，注意采用边缘带羽化效果的笔刷，如图3-15所示，可使头发区域的边缘呈现柔和的效果，如图3-16所示。

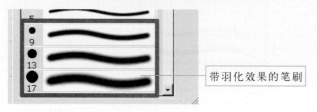

带羽化效果的笔刷

图3-15

图3-16

STEP 3 在"眉目"图层的上方，新建"头发"图层，绘制出遮住脸的头发，如图3-17所示。用自定义或者采用预置的笔刷直径81来完成该步骤，如图3-18所示。

图 3-17

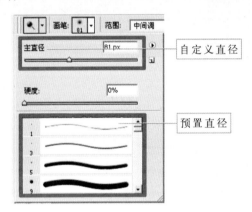

图 3-18

STEP 4 更深入地刻画头发，通过"拾色器"调节笔刷颜色，用浅色画出头发的高光。根据头发调整面部的阴影，使其和头发更加协调，效果如图3-19所示。

图 3-19

3.4 皮肤整体绘制

下面进行人物皮肤的整体调整绘制。

STEP 1 选中"皮肤"图层，选择菜单栏中的【图像】→【调整】→【曲线】命令，如图3-20所示。

图3-20

STEP 2 调整的方式是将皮肤暗部的明度稍微调高后，单击"好"按钮，如图3-21所示。

图3-21

STEP 3 选择菜单栏中的【图像】→【调整】→【色彩平衡】命令，如图3-22所示。

图3-22

STEP 4 调整皮肤的颜色，使其更具血色，如图 3-23 所示。

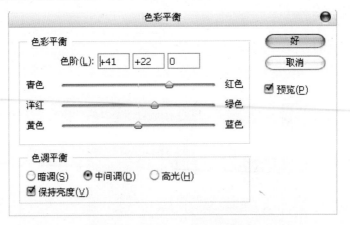

调整画面为暖调的基本方式

图 3-23

注意

"色彩平衡"和"曲线"一样，能针对画面的不同明度范围进行调整，本步骤中，通过增加红色（可适当配合绿色的增加）来提升画面的"温度"。相应的调整可自行尝试。

STEP 5 在"皮肤"图层中绘制出身体部分的明暗关系，如图 3-24 所示。

注意

为使过渡自然，建议采用边缘羽化的笔刷，如图 3-25 所示。

图 3-24

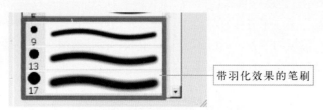

带羽化效果的笔刷

图 3-25

3.5 服装的绘制

下面进行人物服装的绘制。

STEP 1 在所有图层的最上方，新建"衣服"图层，用固有色绘制出服装的基本式样，如图 3-26
所示。

图 3-26

STEP 2 绘制出手套和靴子。绘制手套的时候，可以用和绘制头发类似的方法，用较细的笔触绘制出一根根的质感，如图3-27所示。

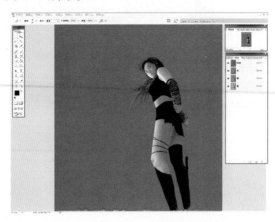

图3-27

STEP 3 在下面的"头发"图层下方新建"裙子"图层，用固有色绘制出裙子的形状。因为"裙子"图层在"皮肤"图层的下方，所以不会对"皮肤"图层造成影响。按照"层"的这种特性，我们在以后的创作中能更自如地发挥，对作品的修改而言也更安全、高效，如图3-28所示。

图3-28

STEP 4 绘制出服装的明暗及色彩的大致关系。因为受光面有些偏冷，所以靠下方的背光面的反光可以做得偏暖一些，如图3-29所示。

图3-29

STEP 5 更深入具体地刻画服装的褶皱，加强纹理，如图3-30所示。

图 3-30

STEP 6 新建"剑"图层，绘制出剑来。根据范例得知"剑"的部分将被遮盖，所以在选择图层位置的时候要放在"衣服"图层的下面，被其覆盖，如图3-31所示。

图 3-31

3.6　背景建筑物的绘制

下面进行背景建筑物的绘制。

STEP 1 新建"房子"图层，根据背景线稿画出房子的大体形状，注意透视感要和人物一致，如图3-32所示。

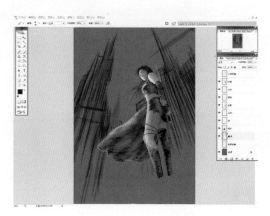

图 3-32

注意

此处仍然要注意层与层之间的覆盖顺序。想在哪个图层下建立新图层，就选中该
图层所直接覆盖的层，单击"创建新的图层"按钮。

STEP 2 在"衣服"图层上方新建"雕塑"图层，根据背景线稿画出雕塑的大体形状，如图 3-33
所示。

图 3-33

STEP 3 在"背景"图层上绘制出大致的光线和色彩，如图 3-34 所示。为配合作品的光晕感，要适
当地运用羽化的笔刷。

图 3-34

STEP 4 在"房子"图层中绘制出房子的受光面,不要太过均匀以配合云彩产生的阴影,如图3-35所示。

图 3-35

STEP 5 将房子表面画得粗糙一些,增加颗粒感,使其稍具质感,如图3-36所示。质感的表现得益于不同效果的笔刷,如果对预置的效果不满意,可参考我们学过的方式自己建立笔刷。

图 3-36

STEP 6 绘制出背景房子的体积和色彩,下方可以绘制得偏暖一些。不用绘制得特别精细,只在个别地方画出细节即可,如图3-37所示。

图 3-37

STEP 7 用相同的方法绘制出近景房子的光影，如图 3-38 所示。

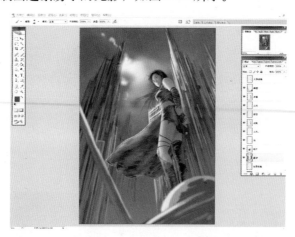

图 3-38

STEP 8 同样，绘制出远处的房子，注意与光影的协调。可以不用画得太精细，如图 3-39 所示。

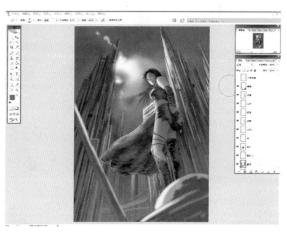

图 3-39

STEP 9 使用"橡皮擦工具" 擦去一部分远处房子的下半部分，使底色透出，这样房子就显得更 "虚"一些，注意橡皮擦的运用。同笔刷的调节方式完全一样，这里建议采用边缘带有较强 羽化的橡皮擦以方便画面的过渡，如图 3-40 所示。

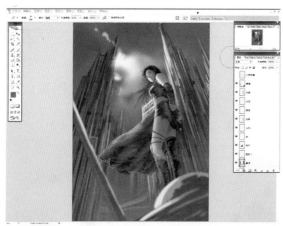

图 3-40

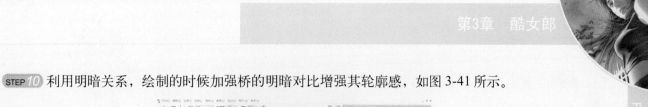

STEP 10 利用明暗关系，绘制的时候加强桥的明暗对比增强其轮廓感，如图3-41所示。

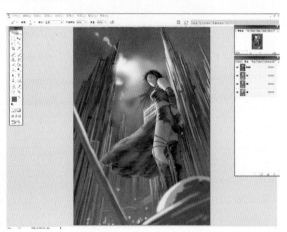

图 3-41

STEP 11 用较浅的颜色绘制出远处的灯火，灯光的光晕要根据远景的模糊程度绘制以统一画面，如图
3-42所示。

图 3-42

STEP 12 选择菜单栏中的【图像】→【调整】→【色彩平衡】命令，调整背景图层的颜色，使其纯度
更高，层次更丰富，如图3-43所示。

图 3-43

STEP 13 选中"房子"图层，选择菜单栏中的【图像】→【调整】→【色彩平衡】命令，如图 3-44 所示。

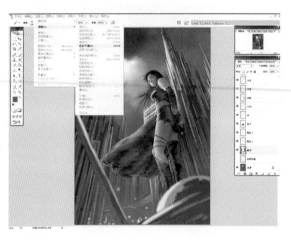

图 3-44

STEP 14 根据光源的特性，我们将房子的高光部分调整得偏青蓝色，如图 3-45 所示。

图 3-45

STEP 15 同样，调整"雕塑"图层的颜色，并且更精细地画出其体积和色彩的关系，注意前后画面的改变，如图 3-46 所示。

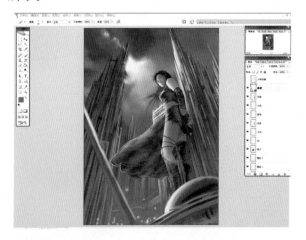

图 3-46

3.7 画面整体调整

下面进行画面的整体调整。

STEP 1 选中"衣服"图层，选择菜单栏中的【图像】→【调整】→【色彩平衡】命令，如图3-47所示。

图 3-47

STEP 2 调整衣服颜色，使其与背景更加协调。具体调整方案如图3-48所示。

图 3-48

STEP 3 选中"裙子"图层，选择菜单栏中的【图像】→【调整】→【色彩平衡】命令，如图3-49所示。

图 3-49

STEP 4 调整裙子高光部分的数值，直到与画面相协调，如图 3-50 所示。

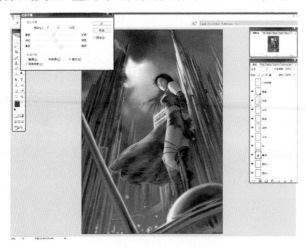

图 3-50

STEP 5 选中"皮肤"图层，选择菜单栏中的【图像】→【调整】→【色彩平衡】命令，如图 3-51 所示。

图 3-51

STEP 6 将受光源影响的皮肤的高光部分调整得偏青蓝色，如图 3-52 所示。

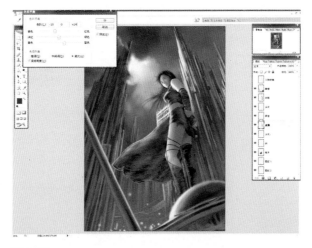

图 3-52

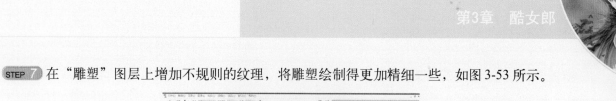

STEP 7 在"雕塑"图层上增加不规则的纹理，将雕塑绘制得更加精细一些，如图3-53所示。

图 3-53

3.8 绘制自然景观

下面在画面上绘制自然景观。

STEP 1 新建"蝙蝠"图层，绘制出蝙蝠的大致形状，注意蝙蝠飞行有一定的路径，如图3-54所示。

图 3-54

STEP 2 将蝙蝠绘制得更加精细一些，提升锐度，如图3-55所示。

图 3-55

STEP 3 选择菜单栏中的【文件】→【打开】命令，导入配套光盘中的云雾素材，如图 3-56 所示。

图 3-56

STEP 4 将素材拖入作品中，按住素材图片，用鼠标拖动的方式，直接将素材导入到作品中，在"图层"窗口中调整素材的位置，使其位于"背景"图层之上，"人物"图层之下，用鼠标右键单击素材，选择"自由变换"命令，将素材调整至适当大小，并且将图层的叠加方式改为"叠加"，如图 3-57 所示。

图 3-57

STEP 5 调整图层的"不透明度"为68%，使得素材对画面的影响不那么明显，如图 3-58 所示。可在"百分比"前直接输入数值，也可单击红框内的 按钮，调出下面的滑块来改变参数，效果会实时地显示在作品中。

图 3-58

3.9 画面最终调整

下面对画面进行最后的调整。

STEP 1 选中"皮肤"图层，选择菜单栏中的【图像】→【调整】→【色彩平衡】命令，如图3-59所示。

图 3-59

STEP 2 进一步将皮肤高光部分调成偏青蓝色，如图3-60所示。

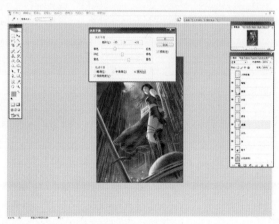

图 3-60

STEP 3 将皮肤中间调部分调得更具血色，如图3-61所示。

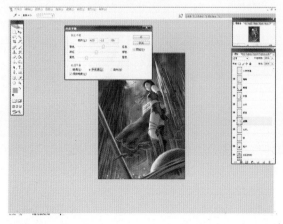

图 3-61

STEP 4 降低背景云雾的饱和度，如图 3-62 所示。

图 3-62

STEP 5 为使背景中的城市显得更加没落，增加更多的"末日感"，目前来看整体画面的蓝色基调不太合适，而应当突出的是现代化城市衰落后的"锈"色。选中"背景"图层，在菜单栏中选择【图像】→【调整】→【色相/饱和度】命令，对该图层进行调节，如图 3-63 所示。

图 3-63

STEP 6 将"色相/饱和度"对话框中的滑块移动至如图 3-64 所示的参数位置，要表现的色调便在"背景"图层展现出来。

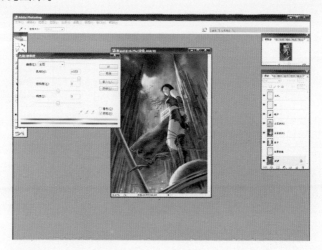

图 3-64

STEP 7 选中"房子"图层，同样执行上述操作，使得整个场景的色调协调起来，如图 3-65 和图 3-66 所示。

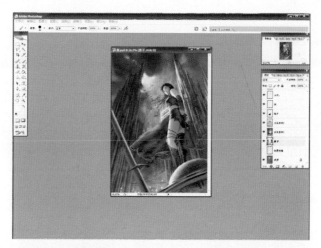

图 3-65

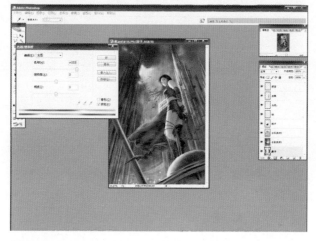

图 3-66

STEP 8 通过一系列调整，我们发现处于该环境中的蝙蝠由于受光照的不同，人物脚下的蝙蝠的色彩呈现和高空区域的有所不同。下面处理这个问题。在"图层"窗口中将"蝙蝠"图层拖动至"创建新的图层"按钮 ，复制"蝙蝠"图层，如图 3-67 所示。

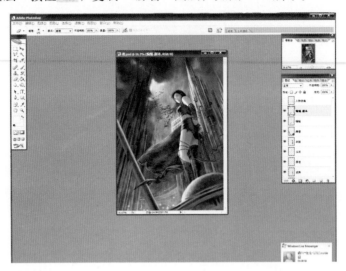

图 3-67

最终效果如图 3-68 所示。

图 3-68

第 4 章

韩 流 袭 过

本章的作品由 Photoshop 和 Painter 结合制作完成。使用
Photoshop 绘制的部分主要用来表现人物的真实感，使用 Painter
绘制的部分则用来表现一些笔触，使得图像更有绘画的感觉。这
样使用 Photoshop 和 Painter 结合完成的效果，可以使色彩更加
丰富，而无规律变化的颜色使画面有一种缥缈的美感，给观者更
多的想象空间，使作品更加令人回味。

在具体的创作技法上，Photoshop 方面基本上沿用了第 3 章
使用的技法。对于这幅作品来说，皮肤颜色则不像之前绘制的那
样对比比较明显，而是比较柔和且偏亮，和真实情况下的受光情
况不太一样，带有一些理想及浪漫的成分。在背景处理方面，继
续使用了上一章所讲到的图层叠加功能。Painter 方面主要使用了
数码水彩笔刷和特效笔刷来绘制迷蒙而梦幻的效果。

4.1 绘制底稿

下面进行底稿绘制。

打开Photoshop，建立新的画布，单击"图层"窗口上的 ⊔ 按钮，在"背景"图层上新建一个"线稿"图层，并在上面绘制出底稿，如图4-1所示。

图4-1

4.2 面部的绘制

下面进行人物面部的绘制。

STEP 1 单击 ⊔ 按钮，新建"皮肤"图层，如图4-2所示。

图4-2

STEP 2 在"皮肤"图层上用固有色画上皮肤的底色，如图4-3所示。

图 4-3

STEP 3 绘制出皮肤大致的明暗关系，如图 4-4 所示。

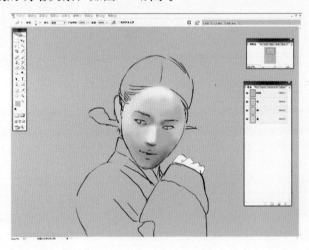

图 4-4

STEP 4 新建"眉目"图层，如图 4-5 所示。

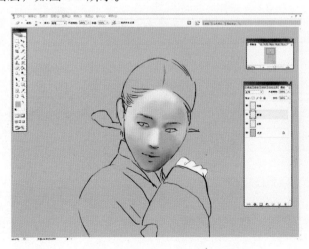

图 4-5

STEP 5 在"眉目"图层勾画出眉目的轮廓，如图 4-6 所示。

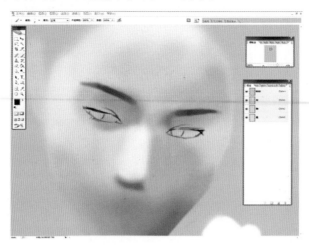

图 4-6

STEP 6 画出眼部的黑白两种固有色，如图 4-7 所示。

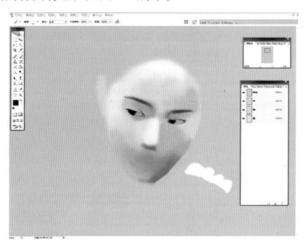

图 4-7

STEP 7 画出眼睛周围的明暗关系，画出眼部的睫毛和眼球的高光部分，如图 4-8 所示。

图 4-8

STEP 8 调整笔刷直径为81，用细小的笔触画出眉毛的细节，如图4-9所示。

图4-9

STEP 9 画出鼻子的明暗关系，如图4-10所示。

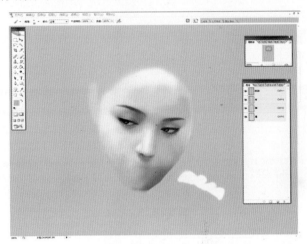

图4-10

STEP 10 画出嘴巴的大致形态，注意高光的区域和脸部受光情况的匹配，如图4-11所示。

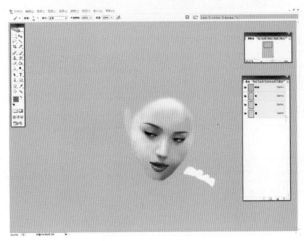

图4-11

STEP 11 对嘴巴的细节部分进行深入的刻画，用细小的笔触画出嘴唇皮肤的纹路，如图 4-12 所示。

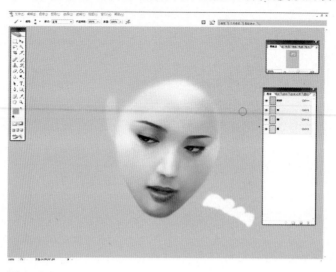

图 4-12

4.3 头发的绘制

下面进行人物头发的绘制。

STEP 1 单击"图层"窗口的 按钮，在"皮肤"图层下方新建"头发"图层，并绘制出头发的固有色，如图 4-13 所示。

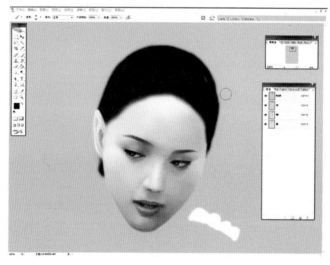

图 4-13

STEP 2 在"眉目"图层的上方新建另一个"头发"图层，如图 4-14 所示。

图 4-14

STEP 3　用皮肤的颜色在该"头发"图层中绘制出头发的中线（注意头发中线的色彩），如图 4-15 所示。

图 4-15

STEP 4　用较浅的色彩画出头发的受光部分，效果如图 4-16 所示。

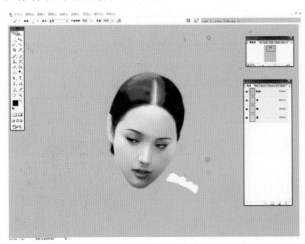

图 4-16

STEP 5 用细小的笔触画出头发丝的质感，如图 4-17 所示。

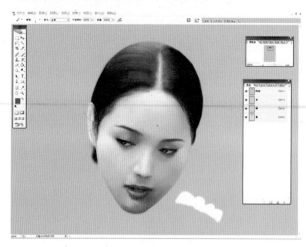

图 4-17

STEP 6 在"背景"图层的上方新建"头饰"图层，如图 4-18 所示。

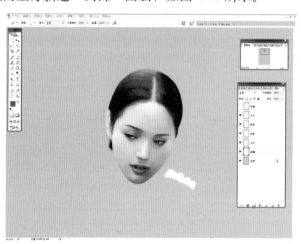

图 4-18

STEP 7 在该图层中绘制出头饰的大致形状，如图 4-19 所示。

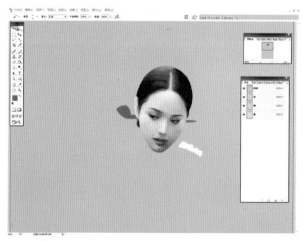

图 4-19

STEP 8 绘制出头饰的细节和明暗，保存该文件，如图 4-20 所示。

图 4-20

4.4 Painter 中压感的设置

下面在 Painter 软件中制作压感效果。

STEP 1 将 4.3 节中保存的文件导入 Painter，在菜单栏中选择【编辑】→【参数设置】→【笔迹追踪】命令，如图 4-21 所示。

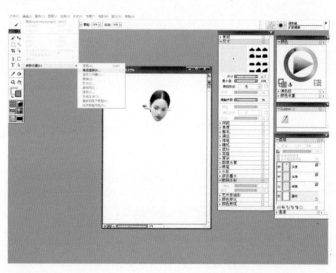

图 4-21

STEP 2 按照提示，用自己习惯的用笔方法绘制一些笔触痕迹以待备用，单击"确定"按钮，如图 4-22 所示。

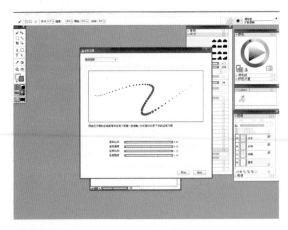

图 4-22

4.5　服装及背景色的绘制

下面进行服装和背景色的绘制。

STEP 1　选择"数码水彩"笔刷，如图 4-23 所示。

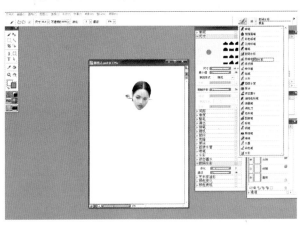

图 4-23

STEP 2　选择"数码水彩"笔刷的"扁平调和水笔"选项，如图 4-24 所示。

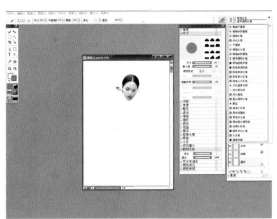

图 4-24

STEP 3 在"数码水彩"的参数设定里面，对"渗化"和"湿边"的数值进行调整，如图 4-25 所示。

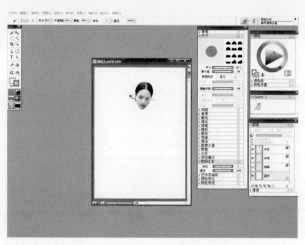

图 4-25

STEP 4 在"背景"图层中绘制出大体的色调，如图 4-26 所示。

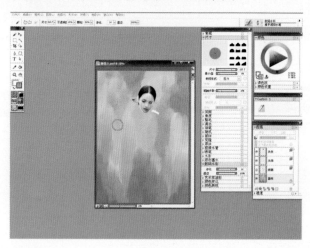

图 4-26

STEP 5 绘制出衣服和裙子的大体色块，如图 4-27 所示。

图 4-27

STEP 6 绘制出服装的褶皱，用色彩的明暗来加强褶皱的质感，如图 4-28 所示。

图 4-28

STEP 7 选择"数码水彩"笔刷的"纯水鬃毛笔"选项，如图 4-29 所示。

图 4-29

STEP 8 用该笔刷将衣服的部位涂抹得更柔和一些，如图 4-30 所示。

图 4-30

STEP 9 用同样的方法将背景也处理得柔和些，如图4-31所示。

图4-31

STEP 10 选择"数码水彩"笔刷的"撒盐"选项，如图4-32所示。

图4-32

STEP 11 在画布上绘制出特殊的效果，完成后保存该图片，如图4-33所示。

图4-33

4.6　背景的制作

下面制作背景效果。

STEP *1*　在 Photoshop 中选择【文件】→【打开】命令，导入 4.5 节中保存的文件，再导入配套光盘
中名为"松树"的背景素材，如图 4-34 所示。

图 4-34

STEP *2*　将素材图片用拖动的方法导入到作品中，如图 4-35 所示。

图 4-35

STEP *3*　在"素材"图层单击鼠标右键，运用"自由变换"命令将该素材调整到适当大小，并单击
【应用】按钮确认该变换，如图 4-36 所示。

图 4-36

STEP 4　在"图层"窗口中，将"素材"图层的叠加方式更改为"叠加"，如图 4-37 所示。

图 4-37

STEP 5 单击工具栏中的【橡皮擦工具】按钮 ，擦去素材中不需要的部分，效果如图 4-38 所示。

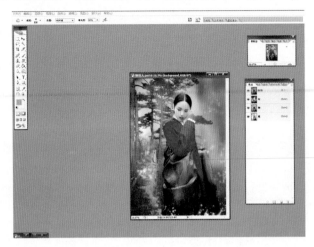

图 4-38

STEP 6 保存刚才的文件，再次导入到 Painter 中，选择"油画笔"笔刷，如图 4-39 所示。

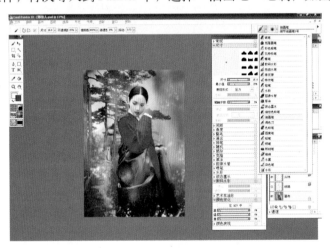

图 4-39

STEP 7 选择"油画笔"笔刷的"细节油画笔 5 号"选项，如图 4-40 所示。

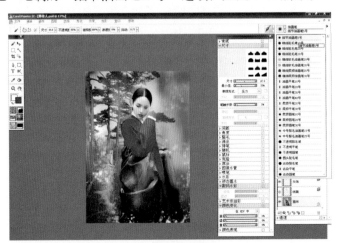

图 4-40

STEP 8 调整"抖动"的数值，直到笔触的表现符合我们的要求为止，如图4-41所示。

图4-41

STEP 9 调整笔刷的参数，如图4-42所示。

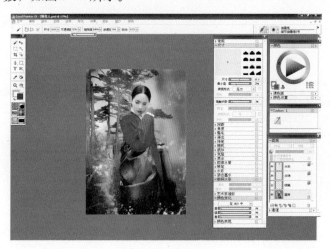

图4-42

STEP 10 对笔刷控制面板中"颜色变化"中的首个数值进行调整，使色彩变化更丰富，如图4-43所示。

图4-43

STEP 11 在"背景素材"图层上新建一个图层，并在该图层上绘制出雾气的效果，如图 4-44 所示。

图 4-44

STEP 12 选择"特效笔"笔刷，如图 4-45 所示。

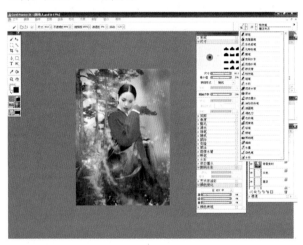

图 4-45

STEP 13 选择"特效笔"笔刷的"发丝喷射"选项，如图 4-46 所示。

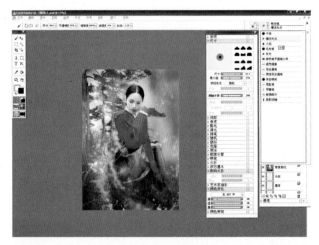

图 4-46

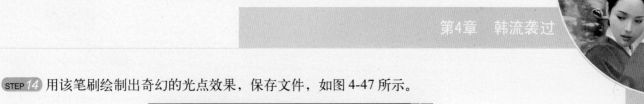

STEP 14 用该笔刷绘制出奇幻的光点效果，保存文件，如图 4-47 所示。

图 4-47

STEP 15 将图片导入 Photoshop，单击"创建新的图层"按钮 ，在"背景素材"图层下方新建"颜色调整"图层并绘制出蓝色，如图 4-48 所示。

图 4-48 建立色彩调整层

STEP 16 在"图层"窗口中，将"颜色调整"图层的叠加方式改为"叠加"，如图 4-49 所示。

图 4-49

STEP 17 调整该图层的"不透明度"为68%，使调整后的色彩更加自然，如图4-50所示。

图 4-50

STEP 18 在"图层"窗口中用鼠标拖动 Background 层至"创建新的图层"按钮 ，复制 Background 图层，如图4-51所示。

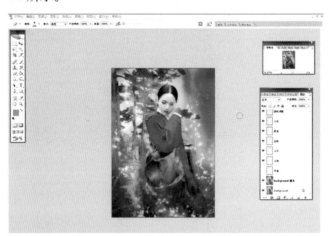

图 4-51

STEP 19 在菜单栏中选择【图像】→【调整】→【亮度/对比度】命令，如图4-52所示。

图 4-52

STEP20 调整数值，使人物主体的色彩与背景素材更加匹配，如图4-53所示。

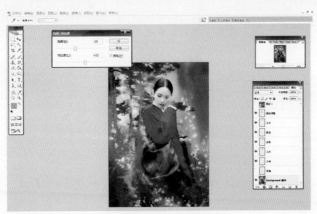

图 4-53

4.7 画面纹理的制作

下面进行画面的纹理制作。

STEP1 导入配套光盘中的图片素材，如图4-54所示。

图 4-54

STEP2 使用"矩形选框工具"□对素材进行"自由变换"，如图4-55所示。

图 4-55

STEP 3 调整至画面大小后，单击"应用"按钮确认操作，如图 4-56 所示。

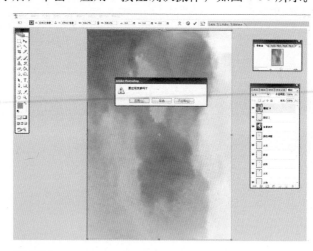

图 4-56

STEP 4 将图层的叠加方式改为"叠加"，如图 4-57 所示。

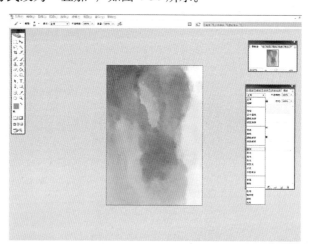

图 4-57

STEP 5 选择菜单栏中的【图像】→【调整】→【色相/饱和度】命令，如图 4-58 所示。

图 4-58

STEP 6 将"饱和度"和"明度"的数值分别调整为-100和-13，如图4-59所示。

图4-59

STEP 7 擦除该图层中人物脸部不需要的部分，如图4-60所示。

图4-60

STEP 8 打开一张新的纹理素材，如图4-61所示。

图4-61

STEP 9 同样对其使用"自由变换"命令，如图 4-62 所示。

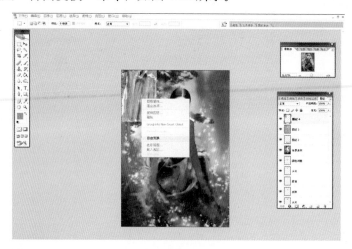

图 4-62

STEP 10 单击"应用"按钮确认该变换，如图 4-63 所示。

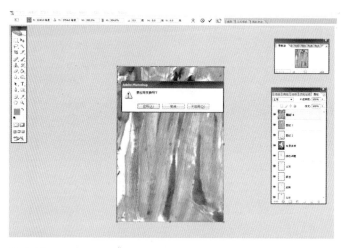

图 4-63

STEP 11 改变该图层叠加方式为"叠加"，如图 4-64 所示。

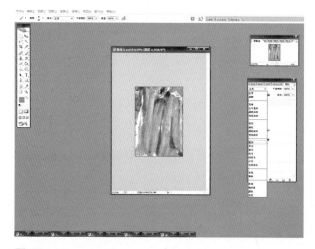

图 4-64

STEP 12 擦除该图层中不需要的部分，如图 4-65 所示。

图 4-65

STEP 13 调整图层的"不透明度"为 53%，如图 4-66 所示。

图 4-66

调整后效果如图 4-67 所示。

图 4-67

STEP 14 单击"图层"窗口上的这个按钮，打开"图层"菜单，选择"向下合并"命令，如图 4-68 所示。

图 4-68

STEP 15 在"图层"窗口中删除"线稿"图层，使得作品的多个有效图层合并为一体，如图 4-69 所示。

图 4-69

STEP 16 在"图层"窗口中复制该图层，如图 4-70 所示。

图 4-70

STEP 17 选择菜单栏中的【图像】→【调整】→【色相／饱和度】命令。

STEP 18 在弹出的"色相／饱和度"对话框中设置参数，如图4-71所示，使画面呈现出绿色效果。

图 4-71

STEP 19 使用"橡皮擦工具" ⌷ 在调整过的"色彩"图层上面进行擦除操作。

STEP 20 调整橡皮擦的"不透明度"，使得我们可以对画面进行轻柔的擦除，如图4-72所示。

图 4-72

STEP 21 擦除人物主体部分，使得我们需要的色彩呈现出来，而同时背景色得到了调整，如图4-73所示。注意人物边缘部分的保留。

图 4-73

最终效果如图4-74所示。

图 4-74

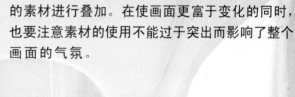

第 5 章

渴　望

　　本章要完成的作品只有人物的上半身，除了人物的皮肤部分外，其他部分则逐渐融合于蓝色的背景中。这样设计的目的是更加突出人物，而其他模糊的部分则成为人物情绪的反应。在这样设计的时候要把握好画面的整体感觉及各部分的虚实程度。有些部分的固有色都可以根据画面的整体需求来进行调整。这样可以产生更加协调的效果，使得画面更能表达它的意境。

　　在绘制方法方面，基本上沿用了第 4 章使用的技法。对于这幅作品来说，皮肤颜色的变化是绘制的难点。因为是人物的面部特写，所以颜色变化要比之前绘制得更加丰富一些，但是为了和背景协调，又不能过于丰富。所以对于皮肤颜色的把握，需要有一定的绘画基础，以及对真实皮肤颜色的仔细观察。另外，为了使画面质感更加丰富，我们使用了更多的素材进行叠加。在使画面更富于变化的同时，也要注意素材的使用不能过于突出而影响了整个画面的气氛。

5.1 底稿绘制

下面进行画面底稿的绘制。

STEP 1　打开 Photoshop，在菜单栏中选择【文件】→【新建】命令。在弹出的"项目设定"对话框中打开"预设"下拉菜单，里面预先定制好了很多通用的文件属性。在这里选择最常用的"A4"幅面，如图 5-1 所示。

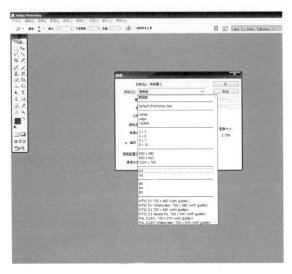

图 5-1

STEP 2　单击"好"按钮，确认选择。此时 Photoshop 为我们打开了一个标准的 A4 项目，如图 5-2 所示。

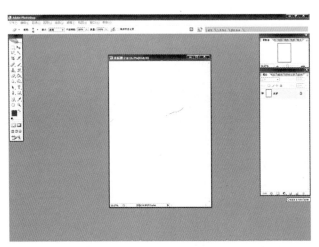

图 5-2

STEP 3　单击"图层"窗口的"创建新的图层"按钮，在"背景"图层上建立一个新图层。更改该图层的名字为"线稿"。

STEP 4 选中工具栏中的"画笔工具" 。在菜单栏下方的画面控制界面中，对画笔的直径进行调节，如图5-3所示。

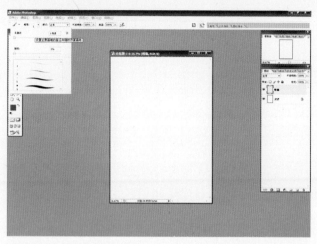

图5-3

STEP 5 选择"尖角20像素"作为当前笔刷的直径，如图5-4所示。

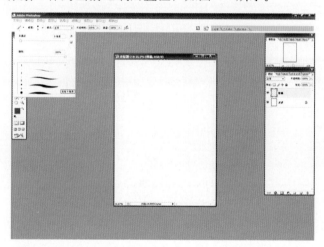

图5-4

STEP 6 在"线稿"图层绘制出人物的大致范围，如图5-5所示。

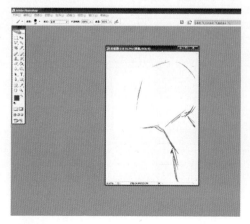

图5-5

STEP 7 确定人脸五官的位置，如图5-6所示。

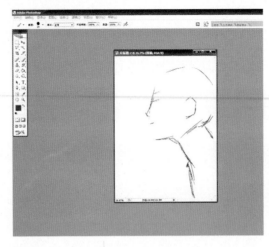

图5-6

STEP 8 细化人物的嘴、鼻、眼和眉，如图5-7所示。

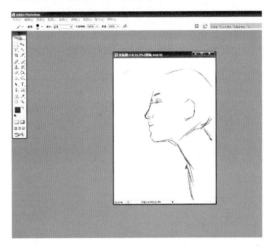

图5-7

STEP 9 在工具栏中单击"橡皮擦工具"按钮 ，如图5-8所示。

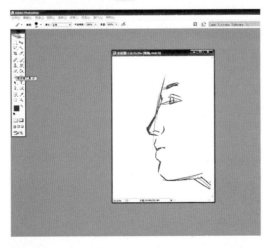

图5-8

STEP 10 用"橡皮擦工具"将之前绘制的大致轮廓擦除，留下比较细致的脸部线条，如图 5-9 所示。

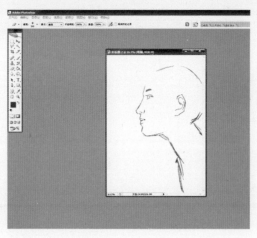

图 5-9

STEP 11 继续绘制头发的部分，如图 5-10 所示。

图 5-10

STEP 12 绘制出衣领部分的大致形状。将画笔直径调节至较小的值，这里我们调节为 10，用平滑的线条对脸部进行修整，如图 5-11 所示。

图 5-11

STEP 13 在"图层"窗口中单击"创建新的图层"按钮 ，如图 5-12 所示。

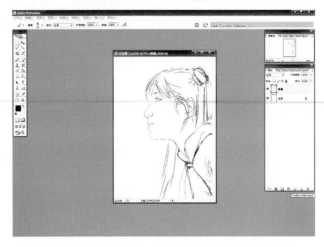

图 5-12

STEP 14 在"线稿"图层上建立新图层，如图 5-13 所示。

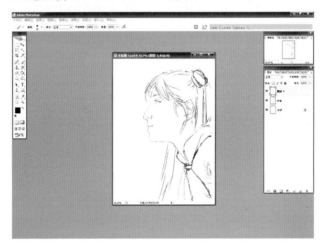

图 5-13

STEP 15 单击新图层名，使其处于可编辑状态，如图 5-14 所示。

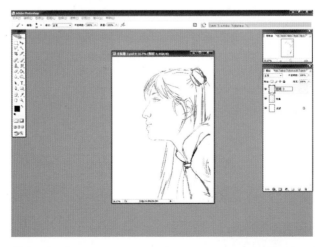

图 5-14

Photoshop CS2/Painter IX/Poser 6

STEP 16 将新图层命名为"皮肤",如图 5-15 所示。

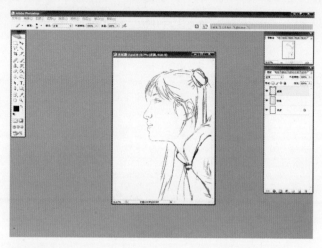

图 5-15

STEP 17 在"图层"窗口中选中"背景"图层,即最低层,如图 5-16 所示。

图 5-16

STEP 18 选择工具栏中的"油漆桶工具" ,如图 5-17 所示。

图 5-17

STEP *19* 在工具栏中找到"拾色器" 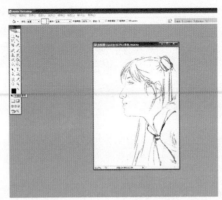 ，如图 5-18 所示。

图 5-18

5.2 面部底色绘制

下面进行人物面部的底色绘制。

STEP *1* 单击"拾色器"按钮打开"拾色器"对话框，选中图 5-19 中的色彩，具体色彩的数值可参照图 5-19 中的 RGB 三色数值。

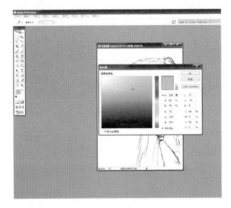

图 5-19

STEP *2* 在"图层"窗口中选中"背景"图层，即最低层，使用"油漆桶工具"在画布上单击，可以看到线稿后的整个"背景"图层都被均匀地涂上了刚刚选中的色彩，如图 5-20 所示。

图 5-20

STEP 3 在工具栏中选择"画笔工具" ，在"图层"窗口中选择"线稿"图层，如图 5-21 所示。

图 5-21

STEP 4 打开"拾色器"对话框，选择如图 5-22 所示的色彩，注意 RGB 三色的数值。

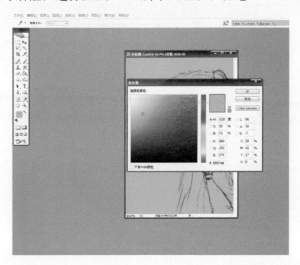

图 5-22

STEP 5 在画笔的属性设置中，选择笔刷的类型为"喷枪柔边圆 45"，如图 5-23 所示。

图 5-23

STEP 6 在"图层"窗口中选择之前建立的"皮肤"图层,如图 5-24 所示。

图 5-24

STEP 7 在人物脸部的皮肤位置均匀地涂上刚才选取的色彩,如图 5-25 所示。

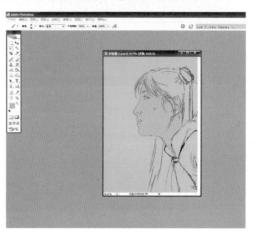

图 5-25

5.3 面部受光部绘制

下面绘制人物面部的受光部分。

STEP 1 重新在"拾色器"对话框中选取色彩,依然参照图 5-26 中提供的 RGB 数值。

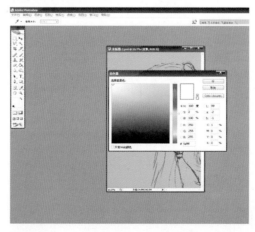

图 5-26

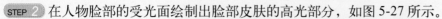

STEP 2 在人物脸部的受光面绘制出脸部皮肤的高光部分，如图 5-27 所示。

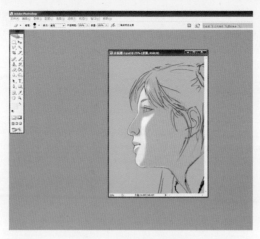

图 5-27

STEP 3 重新在"拾色器"对话框中选取色彩，RGB 数值参照图 5-28 所示。

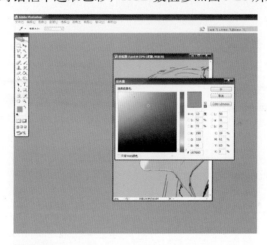

图 5-28

STEP 4 由于人物脸部是正对光源的，所以面颊下方为明暗的分界线，用刚刚选取的色彩沿该分界线的下方绘制，如图 5-29 所示。

图 5-29

STEP 5 将分界线至人物衣领部分全部涂上选好的色彩，如图 5-30 所示。

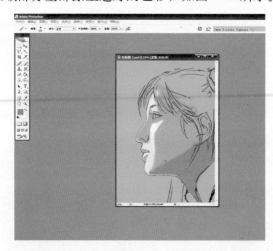

图 5-30

STEP 6 更改选取的色彩，为脸部受光面的暗部绘制色彩，如图 5-31 所示。

图 5-31

STEP 7 选取比上一步的色彩较浅的颜色来绘制人物脸部的受光面，如图 5-32 所示。

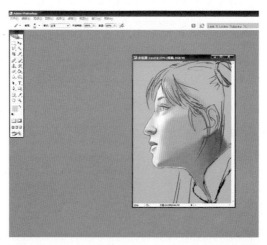

图 5-32

5.4 眉目绘制

下面进行眉毛和眼睛的绘制。

STEP *1* 在"图层"窗口中单击"创建新的图层"按钮 ，在"线稿"图层上方新建一个图层，如图 5-33 所示。

图 5-33

STEP *2* 用前面学过的方式，将该图层命名为"眉目"，如图 5-34 所示。

图 5-34

STEP *3* 打开"拾色器"对话框，选取准备为"眉目"绘制的色彩。注意，这里不要单纯地选取黑色，而是应该选取接近于黑色的深蓝，这样能使画面更自然，接近于真实，如图 5-35 所示。

图 5.35

STEP 4 用选取好的色彩采用边缘柔化的画笔对眉毛进行柔化处理，如图 5-36 所示；并用较小直径的笔刷深入刻画眼部的轮廓，如图 5-37 所示；最后绘制出眼球的底色，如图 5-38 所示。

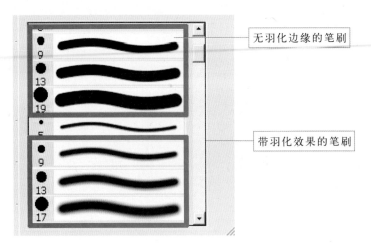

无羽化边缘的笔刷

带羽化效果的笔刷

图 5-36

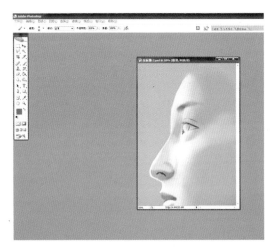

图 5-37

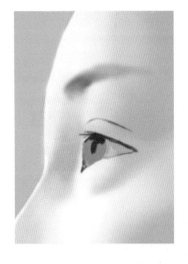

图 5-38

STEP 5 在工具栏中选取"橡皮擦工具" ✎，如图5-39所示。

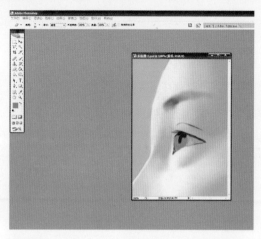

图 5-39

STEP 6 用"橡皮擦工具"擦除底色，表现出眼球的高光，更换选取色彩，用暗红色表现眼球的部分暗部色彩，选色可参考图5-40所示。

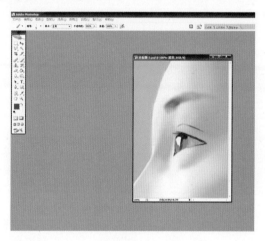

图 5-40

STEP 7 选择较小直径的画笔，用于眼睫毛的描绘，如图5-41所示。

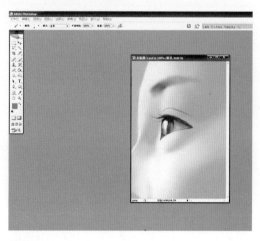

图 5-41

STEP 8 更换选取的色彩，用带边缘柔化的画笔来表现眼角的阴影，如图 5-42 所示。

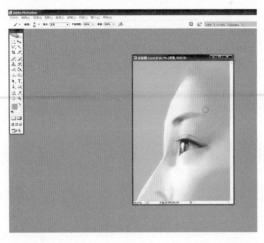

图 5-42

STEP 9 用较浅的色彩来表现受光的额头部分，如图 5-43 所示。

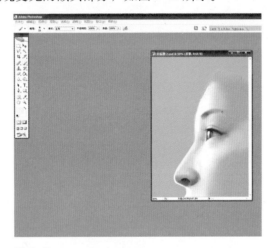

图 5-43

STEP 10 用如图 5-44 所示的色彩来绘制面颊部分，注意此时画笔参数的更改依然用柔化边缘的画笔来绘制。

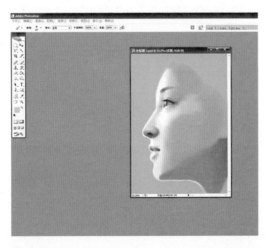

图 5-44

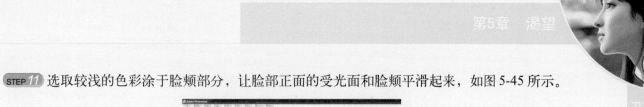

STEP 11 选取较浅的色彩涂于脸颊部分，让脸部正面的受光面和脸颊平滑起来，如图 5-45 所示。

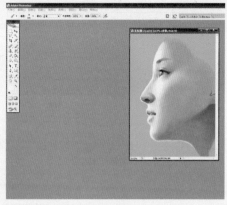

图 5-45

5.5　头发绘制

下面进行人物头发的绘制。

STEP 1 在"图层"窗口中，单击"创建新的图层"按钮 🔳，在"皮肤"图层下方建立新图层，如图 5-46 所示。

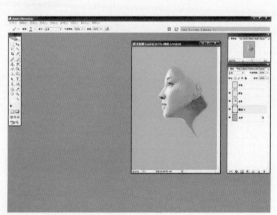

图 5-46

STEP 2 将新图层命名为"头发"，如图 5-47 所示。

图 5-47

STEP 3 在"拾色器"对话框中选取图示中的色彩，用于头发的绘制，如图 5-48 所示。根据头型大致范围，画上头发的基色，如图 5-49 所示。

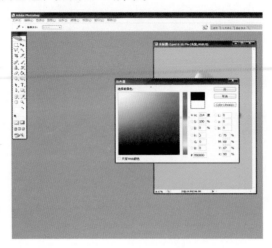

图 5-48

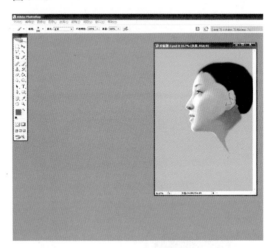

图 5-49

STEP 4 在"图层"窗口中，单击"创建新的图层"按钮 ☐ 在图层列表的最上端新建一个图层，如图 5-50 所示。

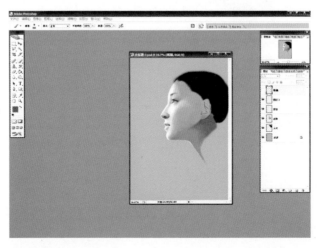

图 5-50

STEP 5 将该图层的名字也命名为"头发"，由于层与层之间的覆盖关系，我们可用该图层表现人面部之前的长发，而对画面的其他部分不产生影响，如图 5-51 所示。

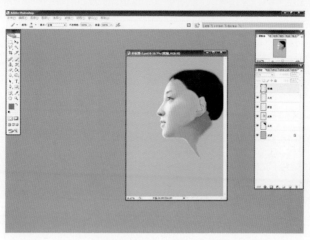

图 5-51

STEP 6 用 125 像素直径的画笔来大致地描绘出刘海和耳后的长发，如图 5-52 所示。

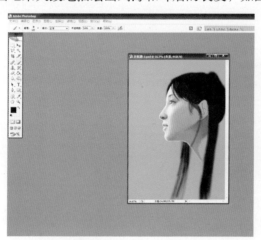

图 5-53

STEP 7 在"拾色器"对话框中选择如图 5-53 所示的色彩。

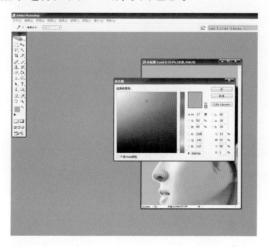

图 5-53

STEP 8 用"画笔工具" ✏ 在头发的左侧，即画中人物的受光面画出头发轮廓的大致形态，如图 5-54 所示。

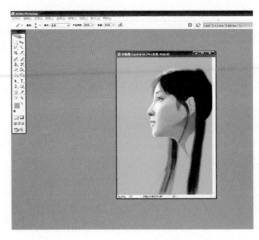

图 5-54

STEP 9 用蓝色绘制出丝带，如图 5-55 所示。

图 5-55

STEP 10 通过"拾色器" 调整色彩，改变笔刷的颜色，同时调整笔刷的直径为 20 像素，如图 5-56 所示。

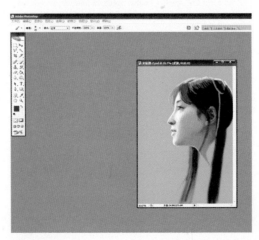

图 5-56

STEP 11 用调整后的笔刷来绘制刘海的高光效果，注意此时的发色略微偏红，使得高光更加趋近于自然，如图 5-57 所示。

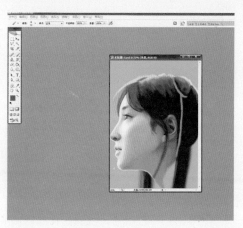

图 5-57

STEP 12 将笔刷的直径调整至较小值，如图 5-58 所示。

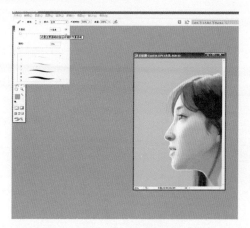

图 5-58

STEP 13 用调整后的笔刷来完成头发高光的细节，如图 5-59 所示。注意此时所选取色彩与之前的高光有所不同。因为高光所呈现的色彩与环境息息相关，所以此处用冷色调来表现，画面的呈现更自然（环境效果参考完成图片）。

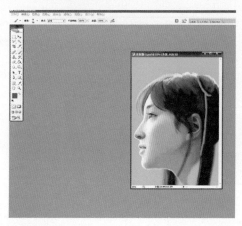

图 5-59

STEP 14 换用更浅的色彩来表现零散的发丝，如图 5-60 所示。注意此时要体现出更多的随机性。

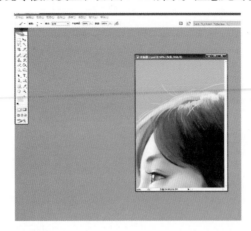

图 5-60

5.6 服装绘制

下面进行人物服装的绘制。

STEP 1 在"图层"窗口中单击"创建新的图层"按钮新建一个图层，如图 5-61 所示。

图 5-61

STEP 2 将上一步中新建的图层命名为"衣服"，如图 5-62 所示。

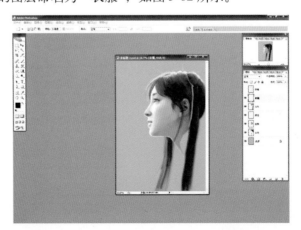

图 5-62

STEP 3 在"图层"窗口中用鼠标按住"衣服"图层,采用拖动的方法将该图层移动至"头发"图层之下,如图 5-63 所示。

图 5-63

STEP 4 单击"线稿"图层前的"可视状态"按钮,恢复"线稿"图层的可视状态,如图 5-64 所示。

图 5-64

STEP 5 在工具栏中单击"拾色器"按钮,选取如图 5-65 所示的色彩。

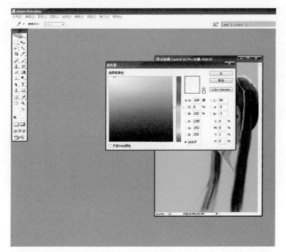

图 5-65

STEP 6 在 "衣服" 图层上依照 "线稿" 图层所圈定的范围绘制出衣服的色彩，如图 5-66 所示。

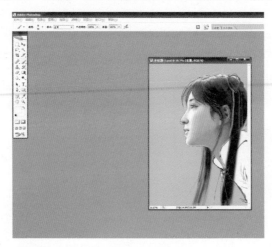

图 5-66

STEP 7 在 "拾色器" 对话框中选取如图 5-67 所示的色彩。

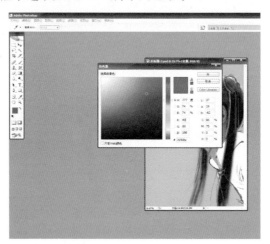

图 5-67

STEP 8 用选取的色彩来绘制衣服前部的颜色，如图 5-68 所示。

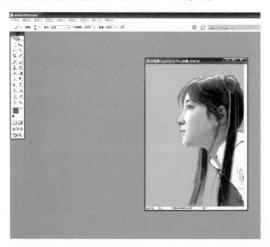

图 5-68

STEP 9 改用直径较小的笔刷绘制衣服色彩的线条，如图 5-69 所示。

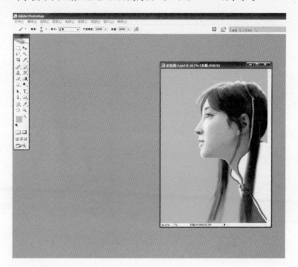

图 5-69

STEP 10 在"拾色器"对话框中选取如图 5-70 所示的色彩。

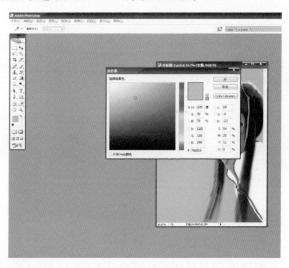

图 5-70

STEP 11 将笔刷调整至如图 5-71 所示的状态，使绘制时能呈现边缘羽化的效果。

图 5-71

STEP 12 用设置好的笔刷来绘制衣服的褶皱。这里用明暗的效果来体现褶皱，如图 5-72 所示。

图 5-72

STEP 13 用同样的方法来表现衣领部位，如图 5-73 所示。

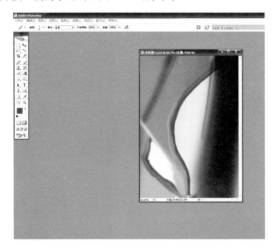

图 5-73

STEP 14 更换选取的色彩，将衣服的明暗层次绘制得更丰富些，如图 5-74 所示。

图 5-74

STEP 15 修改笔刷的参数，如图 5-75 所示。

图 5-75

STEP 16 对之前绘制的头发进行细化，描绘出头发的走向，如图 5-76 所示。

图 5-76

STEP 17 参照下图改用更加细小的笔刷，如图 5-77 所示。效果如图 5-78 所示。

图 5-77

图 5-78

STEP 18 换用直径为 20 的笔刷，选取刘海部分高光的色彩，绘制长发部分高光的效果，如图 5-79
所示。

图 5-79

5.7 背景绘制

下面绘制背景画面。

STEP 1 将笔刷直径修改至 300 像素。

STEP 2 将"背景"图层的下半部分涂成草绿色，大致范围如图 5-80 所示。

图 5-80

STEP 3 用上述方法将"背景"图层的上半部分调整为如图 5-81 所示的蓝色。

图 5-81

STEP 4 绘制出"背景"图层水面中高光区域的大致形态，如图 5-82 所示。

图 5-82

STEP 5 将"背景"图层中波光的效果细化，增加一点荷花的色彩进行点缀，整体效果不宜太具体，而要出现类似镜头模糊的感觉，如图 5-83 所示。此处荷花的选色很重要，可参考多一些荷花的图片来进行，因为此时图中的"荷花"只有一个很模糊的形态，颜色、布局方式是观者对其识别的重要依据，所以，看似模糊的物体，其实表现手法上更需要用心。

图 5-83

STEP 6 在"图层"窗口中选中"头发"图层，如图5-84所示。

图5-84

STEP 7 改用较小的笔刷直径对耳部的头发进行细致的刻画，着力表现发丝的质感，如图5-85所示。

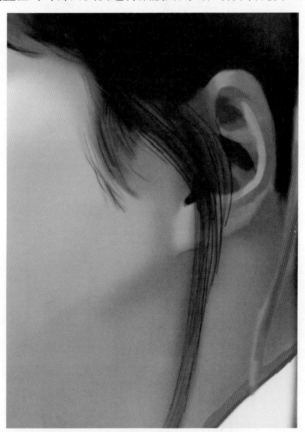

图5-85

STEP 8 在工具栏中用鼠标按住"文字工具"T.的图标不放，会出现下拉菜单，选择菜单中的"直排文字工具"选项。

STEP 9 选择后将鼠标移动至作品窗口中，注意此时光标符号的改变，如图 5-86 所示。

图 5-86

STEP 10 用鼠标拖动的方式在画面上圈定出我们需要输入文字的范围，如图 5-87 所示。

图 5-87

STEP 11 输入文字。注意此时"图层"窗口中文字图层中也可同时显示部分输入的文字，如图5-88 所示。

图 5-88

STEP 12 拖动鼠标，使输入的文字处于被选择状态，在下拉菜单中选择如图5-89所示的字体大小。

图 5-89

STEP 13 单击菜单栏下方的"切换字符和段落调板"按钮。

STEP 14 在调板的界面中，将"设置行距" 的数值修改为36点，如图5-90所示。

图 5-90

STEP 15 在"图层"窗口中的"文字"图层上单击鼠标右键,弹出如图 5-91 所示的菜单。

图 5-91

STEP 16 选择其中的"混合选项"命令,弹出如图 5-92 所示的"混合选项"界面。

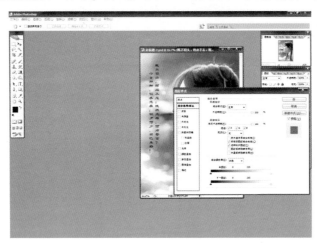

图 5-92

STEP 17 选择"混合选项"里面的"外发光"效果,如图 5-93 所示。

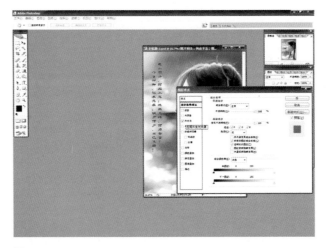

图 5-93

STEP *18* 选择后，单击"外发光"按钮，右侧会显示出该效果的设置界面，在"外发光"效果对应的界面中，参照图 5-94 所示进行数值上的设定。

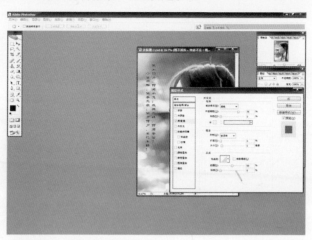

图 5-94

STEP *19* 单击图 5-95 中所示的"设置发光颜色"按钮。

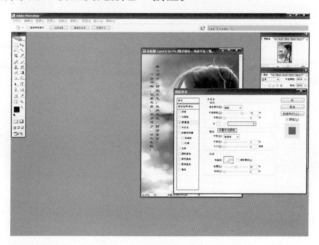

图 5-95

STEP *20* 在弹出的"拾色器"对话框中选择如图 5-96 所示的颜色。

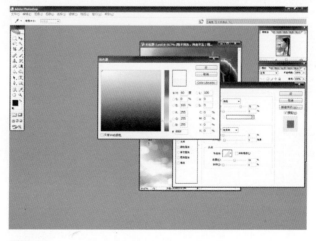

图 5-96

STEP 21 设置完成后，单击"好"按钮确认操作。

STEP 22 文字发光的效果就完成了，效果如图 5-97 所示。

图 5-97

作品至此已经完成，注意保存文件。

第 6 章

彩　依

　　本章除了讲解人物本身的绘制技巧以外，还介绍一些背景的添加方法。这幅作品的背景使用 Photoshop 和 Painter 结合完成，既具有一定的真实感，又带有浪漫的幻想效果，令人炫目且变化无穷。

　　这幅作品比前两章更加复杂，在色彩方面融入了更多对光影的考虑，这样的设计使创作的难度增加，因为既要具有西方作画的理性考虑，又要把握东方的意境气氛。如果不能恰到好处地表现二者之间的过渡变化，作品将变得不伦不类。通过前面的练习，读者应该已经熟悉了绘制这类风格的作品的过程，因此，在完成本章作品的时候，需要将更多的精力放在对画面的把握上。对于没有美术基础的读者来说，这可能是一个艰辛的挑战，但只要倾注了足够的兴趣和耐心，就会获益匪浅。

6.1 草稿的绘制和大体着色

下面进行草稿的绘制和画面的大体着色。

STEP 1 新建"线稿"图层，用"画笔工具" 在图层上绘制出底稿，如图6-1所示。

图6-1

STEP 2 在"背景"图层上新建"皮肤"图层，在"皮肤"图层上绘制出皮肤的固有色，如图6-2所示。

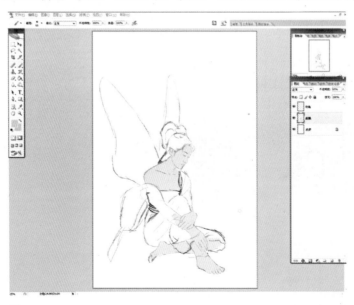

图6-2

STEP 3 绘制出皮肤的大体明暗关系。此时可调整背景色为灰色以方便我们绘画，如图6-3所示。

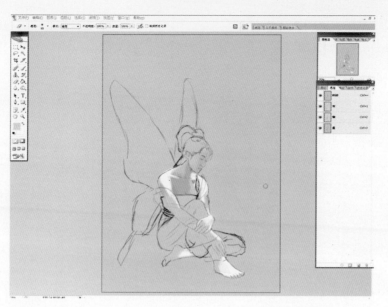

图 6-3

6.2 头部及皮肤的绘制

下面进行头部及皮肤的绘制。

STEP 1 在"皮肤"图层上新建"眉目"图层，根据线稿绘制出眉毛及眼睛的轮廓，如图 6-4 所示。

图 6-4

STEP 2 确定好眉目的形状后，单击"线稿"图层前的"可视状态"按钮 👁，隐藏"线稿"图层，即取消"线稿"图层的可视状态，如图 6-5 所示。

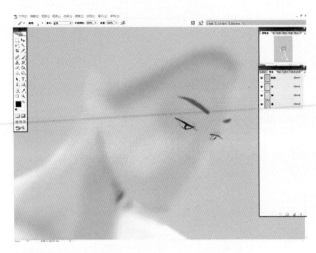

图 6-5

STEP 3 绘制出眼白和眼球的固有色，如图 6-6 所示。

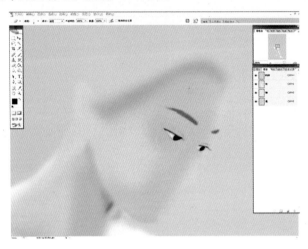

图 6-6

STEP 4 绘制出眼睫毛及眼球的颜色。注意此时笔刷的直径为 81，保持睫毛的锐度，如图 6-7 所示。

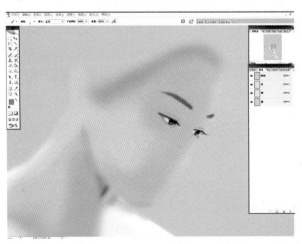

图 6-7

STEP 5 在"皮肤"图层中绘制出鼻子、嘴和脸的边缘线，如图6-8所示。

图6-8

STEP 6 调整脸部的光影，可以在脸蛋和鼻头加入一点红色，使面部更加红润，如图6-9所示。

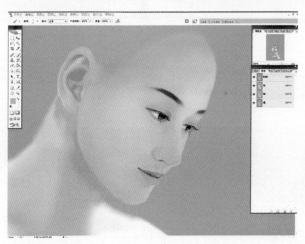

图6-9

STEP 7 在"皮肤"图层下新建"头发"图层，用头发的固有色绘制出其范围，如图6-10所示。

图6-10

STEP 8 在"眉目"图层的上方再新建一个"头发"图层，用固有色绘制出发型和头发遮住脸的部分，也可以绘制少许细节，如图 6-11 所示。

图 6-11

STEP 9 在"皮肤"图层中调整面部阴影，从而改变面部的凸凹形态，使其更富有立体感，脸蛋的红色可以画得更为明显，如图 6-12 所示。

图 6-12

STEP 10 在"皮肤"图层上深入地刻画皮肤的明暗关系，而有些地方会被衣服遮住，所以不用着重刻画，但应该注意皮肤与衣服衔接的地方，要多保留一些皮肤以备修改，如图 6-13 所示。

图 6-13

STEP 11 单击 按钮，在上面的"头发"图层上新建"头饰"图层，用固有色绘制出头饰的形状，如图 6-14 所示。

图 6-14

STEP 12 用较深的颜色绘制出花的背光部分，如图 6-15 所示。

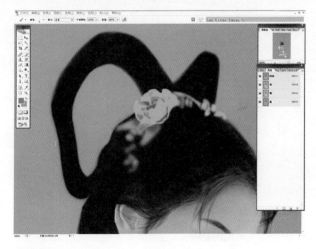

图 6-15

STEP 13 用较浅的颜色绘制出花瓣的受光部分，如图 6-16 所示。

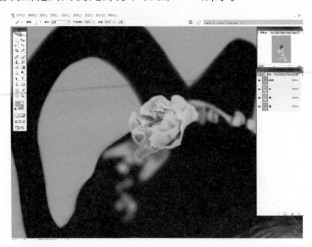

图 6-16

STEP 14 绘制出叶子和挂花的形状，如图 6-17 所示。

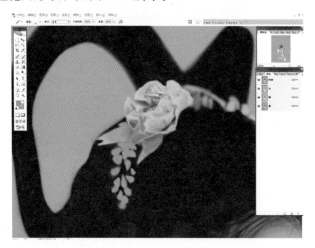

图 6-17

STEP 15 同样利用明暗的处理绘制出挂花的明暗，如图 6-18 所示。

图 6-18

STEP 16 为了使颜色更丰富，可以让头饰的细节部分有更多的变化，调整这串挂花的颜色，用"套索工具" 选中这串挂花，选择【图像】→【调整】→【色相/饱和度】命令和【图像】→【调整】→【色彩平衡】命令来调节它的色彩倾向，如图6-19和图6-20所示。调节后的效果如图6-21所示。

图 6-19

图 6-20

图 6-21

注意

使用"套索工具"，可对画面进行区域调整（虚线内区域），注意此处只改变了同
一图层中部分区域的色彩。

STEP 17　绘制出扎辫子的头绳，如图 6-22 所示。

图 6-22

STEP 18　在上面的"头发"图层用偏向光源的颜色绘制出头发的亮部，如图 6-23 所示。

图 6-23

注意

高光处色彩的变化。

STEP 19　用较细小的笔触对头发进行更深入的刻画，使头发显出其纹路，同时保持走向，如图 6-24
所示。

图 6-24

STEP 20 绘制出辫子的细节，注意头发的扎绳部位因捆扎产生的形变，并且保存图片，如图 6-25 所示。

图 6-25

6.3 Painter 中的压感设置

下面在 Painter 软件中进行压感设置。

STEP 1 用 Painter 打开之前保存的文件，如图 6-26 所示。

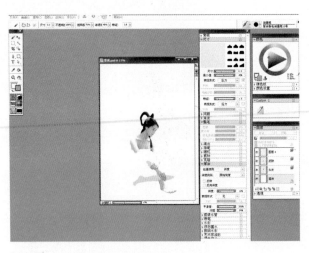

图 6-26

STEP 2 选择菜单栏中的【编辑】→【参数设置】→【笔记追踪】命令，如图 6-27 所示。

图 6-27

STEP 3 在弹出的对话框中用自己习惯的运笔速度和运笔力度画一些笔触，电脑将自动记录下你的运笔习惯以备之后调用，如图 6-28 所示。

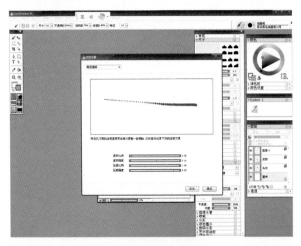

图 6-28

6.4 笔刷的设置

下面进行笔刷设置。

STEP **1** 在笔刷的下拉菜单中选择"数码水彩"笔刷，如图6-29所示。

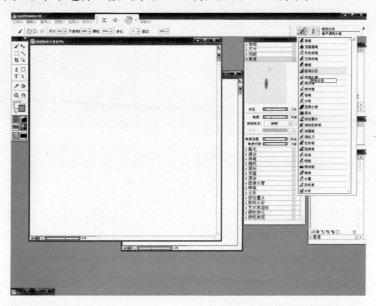

图6-29

STEP **2** 在"数码水彩"笔刷中选择"扁平调和水笔"选项，如图6-30所示。

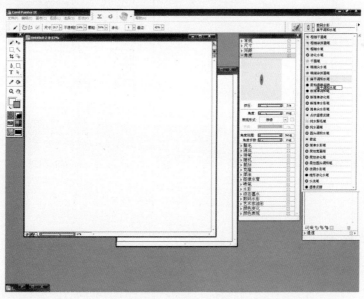

图6-30

STEP **3** 在画布上面画两笔，可以发现这种笔刷粗细变化受到方向的影响，跟真实环境中一致，如图6-31所示。

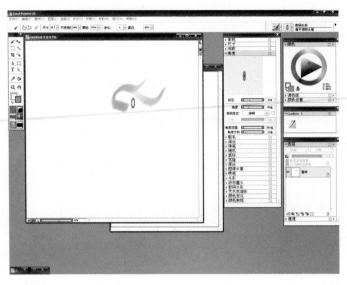

图 6-31

STEP 4 这时可以调节笔刷控制窗口的角度栏，可以通过调节"挤压"将笔刷调成圆形。同时也可以调节"数码水彩"栏的"渗化"和"湿边"来选择所需要的笔刷效果，如图 6-32 所示。

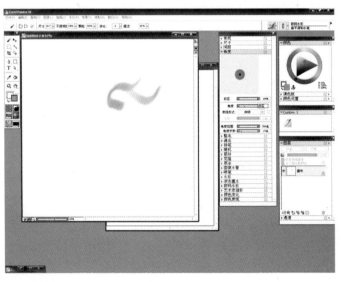

图 6-32

6.5 服装及背景色的绘制

下面进行服装和背景色的绘制。

STEP 1 在背景的"画布"图层，用之前根据自己要求调整好的笔刷绘制出衣服的大致颜色和式样，如图 6-33 所示。

图 6-33

STEP 2 用"橡皮擦工具" ，在"皮肤"图层中擦去被衣服遮住的部分。擦除过程中，无须关闭"衣服"图层，并以此为参考，直接擦除被遮盖部分，如图 6-34 所示。

图 6-34

STEP 3 修改擦除部分和衣服衔接的地方，注意皮肤一定要被衣物完全地包围，如图 6-35 所示。

图 6-35

STEP 4 在背景部分绘制出偏暖的颜色，并深入刻画衣服。最后选择【文件】→【储存为】命令，保
存该图片，如图 6-36 所示。

图 6-36

6.6 背景的制作

下面进行背景的绘制。

STEP 1 在 Photoshop 中选择【文件】→【打开】命令导入 6.5 节中修改好的图片，并且打开配套光
盘中的背景素材，如图 6-37 所示。

图 6-37

STEP 2 将素材拖入图片文件中，如图 6-38 所示。

图 6-38

STEP 3 单击鼠标右键，选择"自由变换"命令（或者按快捷键【Ctrl+T】），如图 6-39 所示。

图 6-39

STEP 4 将图片调整到与作品相适应的大小并且应用变换，注意图层的摆放顺序，效果应该跟图例类
似，如图 6-40 所示。

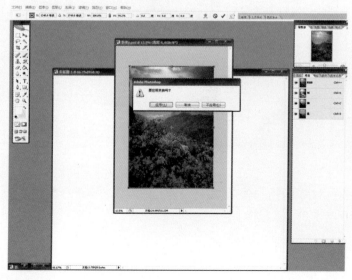

图 6-40

STEP 5 将图层的叠加方式改为"叠加",如图 6-41 所示。

图 6-41

STEP 6 擦去背景素材中不需要的部分。导入的素材往往与我们的作品在色彩等各个方面存在脱离的感觉,这时可以选择菜单栏中的【图像】→【调整】→【色彩平衡】命令,来改善背景,如图 6-42 所示。

图 6-42

STEP 7 在"色彩平衡"对话框中,将背景调整为偏红的状态,以配合整体,单击"好"按钮,确认该调整,如图 6-43 所示。

图 6-43

STEP 8 修正皮肤色，我们可以通过选择菜单栏中的【图像】→【调整】→【曲线】命令来改变它。调整到合适的明度以后单击"好"按钮，如图 6-44 所示。

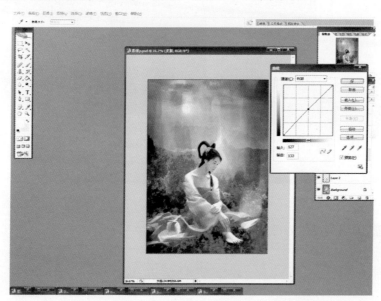

图 6-44

6.7 翅膀的绘制

下面进行翅膀的绘制。

STEP 1 新建"翅膀"图层，如图 6-45 所示。

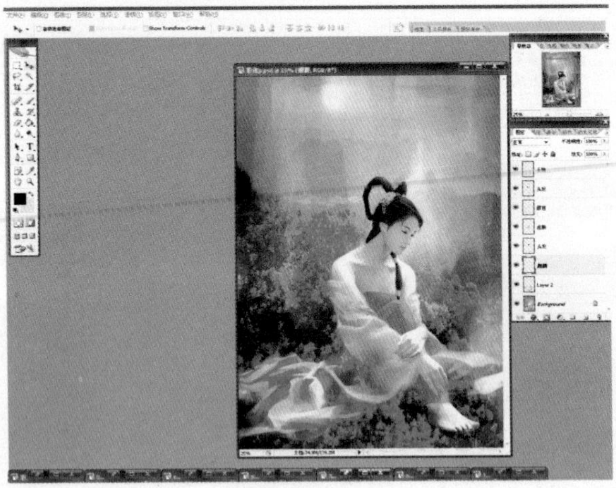

图 6-45

STEP 2 单击“图层”窗口上“线稿”图层前的👁按钮，恢复“线稿”图层的可视状态，根据线稿，在“翅膀”图层绘制出翅膀的大致形状，然后重新关闭“线稿”图层，如图 6-46 所示。

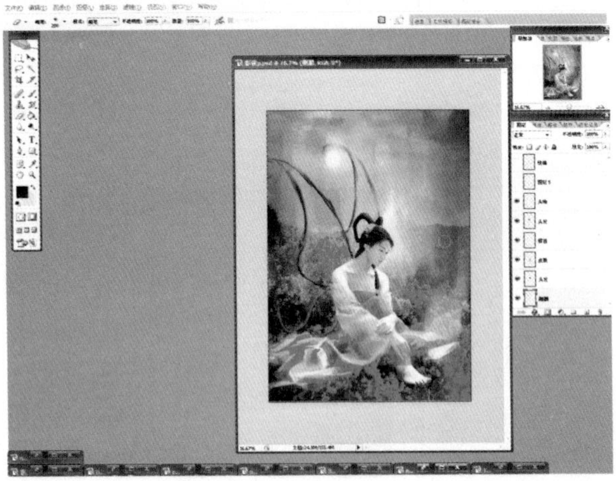

图 6-46

STEP 3 绘制出翅膀的固有色，如图 6-47 所示。

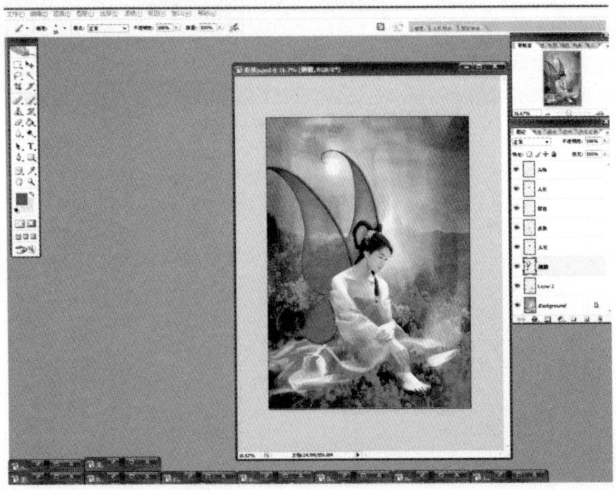

图 6-47

STEP 4 用较深的颜色绘制出翅膀的茎，然后用较浅的颜色在茎的旁侧勾出细茎，以丰富翅膀的立体感，如图6-48所示

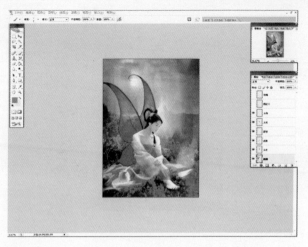

图6-48

STEP 5 在翅膀上绘制出白色的斑纹，如图6-49所示。

图6-49

STEP 6 在"图层"窗口上用鼠标拖动"翅膀"图层至 按钮，复制该图层，如图6-50所示。

图6-50

STEP 7 将"翅膀"图层的叠加方式改为"叠加",如图 6-51 所示。完成的效果如图 6-52 所示。

图 6-51

图 6-52

STEP 8 擦去"背景 副本"图层翅膀根部的部分,使得翅膀根部更为透明,如图 6-53 所示。

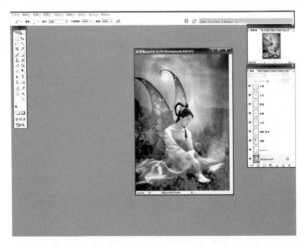

图 6-53

STEP *9* 新建"蝴蝶"图层，并在上面加上小蝴蝶，将图层的叠加方式改为"叠加"。然后保存文件，如图 6-54 所示。

图 6-54

6.8 画面的调整

下面进行画面的最终调整。

STEP *1* 将文件导入 Painter，选择"色粉笔"笔刷，如图 6-55 所示。

图 6-55

STEP *2* 在工具栏中"纸纹"的下拉菜单中可以选择合适的纸纹，如图 6-56 所示。

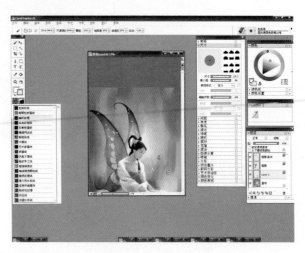

图 6-56

STEP 3 用"色粉笔"在背景"画布"图层上绘制颜色，使颜色更加柔和，并留下纸纹和笔触痕迹，如图 6-57 所示。

图 6-57

STEP 4 在笔刷栏的下拉菜单中选择"油画笔"笔刷，如图 6-58 所示。

图 6-58

STEP **5** 在"油画笔"的下拉菜单中选择"细节油画笔5号"选项，如图6-59所示。

图 6-59

STEP **6** 可以通过调节"抖动"的数值来取得我们想要的笔触效果，如图6-60所示。

图 6-60

STEP **7** 在最上面一层新建一个图层"layer 3"，如图6-61所示。

图 6-61

STEP 8 在"layer 3"图层上绘制出一些雾气，如图6-62所示。

图 6-62

STEP 9 在笔刷栏的下拉菜单中选择"特效笔"笔刷，如图6-63所示。

图 6-63

STEP 10 在"特效笔"的下拉菜单中选择"魔法光点"选项，如图6-64所示。

图 6-64

STEP 11 在笔刷控制窗口的"颜色变化"栏可以通过调节第一项数值来使笔触颜色更加丰富，如图 6-65 所示。

图 6-65

STEP 12 在"layer 3"图层中绘制出魔法光点，如图 6-66 所示。作品至此制作完成。

图 6-66

第 7 章

冰 雪 公 主

作为本书的最后一章，我们将配合使用 Poser、Photoshop 和 Painter 来完成作品。在这一章，我们根据 Poser 渲染出的模型来绘制草稿，并使用 Photoshop 进行颜色的调整，但是画面的主要绘制则使用 Painter 来完成。这样画面将不失理性而同时又可拥有更多绘画的感觉。

在这一章，我们主要使用 Painter 的油画笔刷。因为 Painter 在很大程度上更容易模拟手绘的效果。所以我们可以通过这个笔刷使画面的笔触看起来更有立体感。但由于 Painter 在细节刻画方面不如 Photoshop 方便，所以在绘制出大的效果后，需要再将图像导入 Photoshop 中做一些修饰。

7.1 设计及调整造型

下面进行人物动态设计。

STEP 1 打开 Photoshop，选择菜单栏中的【文件】→【打开】命令，导入在 Poser 中完成的人物模型图，如图 7-1 所示。

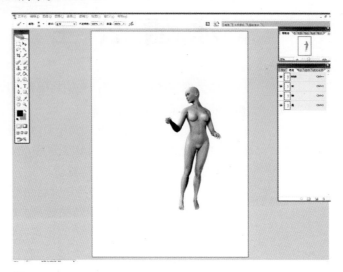

图 7-1

STEP 2 看过完成作品后我们知道，该人物的所受光源与 Poser 中有差异，整体偏暗，阴影较多，这里需要对人物的整体亮度进行调整。参照以下操作：选择菜单栏中的【图像】→【调整】→【曲线】命令，如图 7-2 所示。

图 7-2

STEP 3 参照图 7-3 所示的调整方式，调整曲线。设置"输入"为 117，设置"输出"为 115，将模型的明度调高。

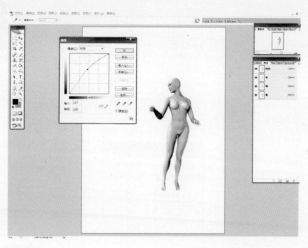

图 7-3

调整好后单击"好"按钮。为配合作品主题，人物的肤色为偏蓝色的冷色调，而非一般人物的颜色，这里需要对其色彩进行调整。选择菜单栏中的【图像】→【调整】→【色彩平衡】命令，如图 7-4 所示。

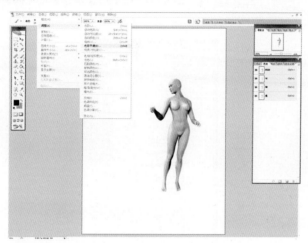

图 7-4

为配合作品主题，我们要将模型的高光部分调得偏冷一些，降低画面中红色和黄色的含量，能够大大降低画面呈现的"温度"。参照图 7-5 所示的调整方式就能获得我们期望的效果。

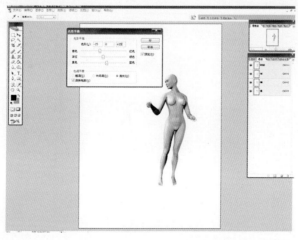

图 7-5

195

7.2 绘制草稿

下面绘制草稿。

STEP 1 建立名为"线稿"的图层，新建图层的方法如图 7-6 所示（在"图层"窗口上单击 🔲 按钮能够在当前图层上建立一个空的新图层）。

图 7-6

STEP 2 根据模型用"画笔工具" 🖊 绘制线稿。单击画笔控制的下拉菜单如图 7-7 所示，选取"尖角 9 像素"的笔刷，调整"主直径"的滑块可以控制笔刷的大小，调整"硬度"滑块可以控制笔刷的羽化程度。画完后的线稿效果如图 7-8 所示。

图 7-7

图 7-8

STEP 3 单击"图层"窗口中"人物模型"图层前的 👁 按钮，关闭该图层，以便更好地观察线稿的实际效果。线稿式样如图 7-9 所示。

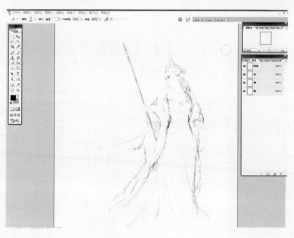

图 7-9

STEP 4 用"画笔工具" ✎ 绘制出前景的熊和雪橇草稿，如图 7-10 所示。

图 7-10

STEP 5 用"画笔工具" ✎ 绘制出背景的城堡及云彩草稿，选择菜单栏中的【文件】→【储存】命令，保存该文件，如图 7-11 所示。

图 7-11

7.3 Painter中压感笔的设置

下面在Painter软件中进行压感笔的设置。

STEP 1 打开Painter，选择菜单栏中的【文件】→【打开】命令，导入在Photoshop中绘制好的线稿文件，如图7-12所示。

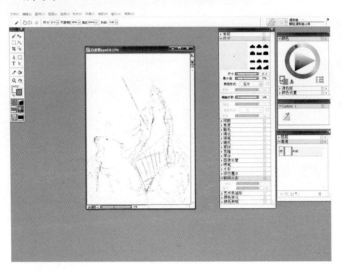

图7-12

STEP 2 选择菜单栏中的【编辑】→【参数设置】→【笔记追踪】命令，在弹出的对话框中的空白区域用自己习惯的运笔速度和运笔力度画一些笔触，这将自动记录你的运笔习惯，如图7-13所示。

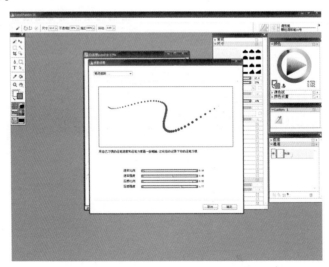

图7-13

7.4 面部的绘制

下面进行人物面部的绘制。

STEP 1 在右侧的"笔刷类型"列表中选择"油画笔" ✎油画笔　　　　　　　　笔刷，如图7-14所示。

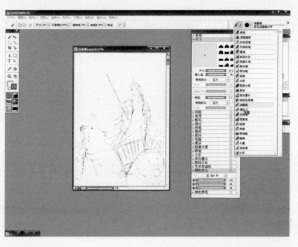

图 7-14

STEP 2 选择"油画笔刷" ✏ 油画笔 中的"鬃毛油画笔 20 号" ⬤ 精细软毛油画笔20号，如图 7-15 所示。

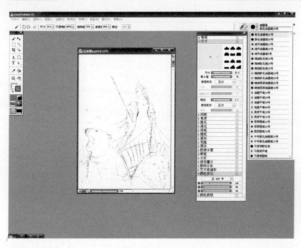

图 7-15

STEP 3 在"笔刷控制窗口"（图 7-16）中的"厚涂"栏的"绘画使用"中选择"颜色"，如图 7-17 所示。因为我们是要绘制面部皮肤，不需要太粗糙，选择"颜色"之后，绘图时的笔触就只会有颜色而没有厚度了。

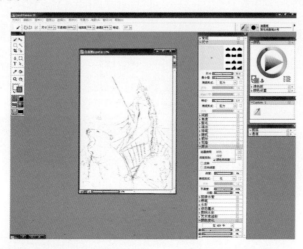

图 7-16

图7-17

STEP 4 用"精细驼毛笔10号" ● 精细驼毛笔10号 绘制出皮肤底色。注意此时所选人物的肤色要
比正常肤色饱和度更低，且偏紫色，这是由作品的主题所决定的，如图7-18所示。

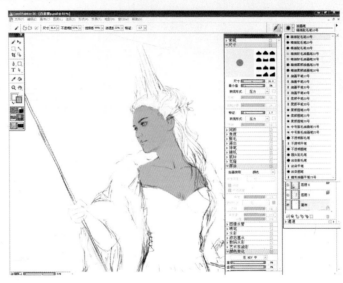

图7-18

STEP 5 根据模型绘制出皮肤的色彩及结构，如图7-19所示。色块间亮度的差异应该严格根据模型
的光源来设定。

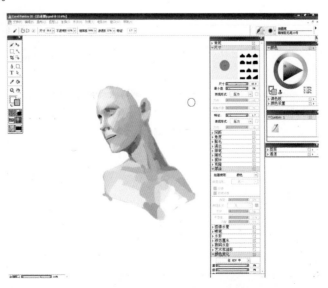

图7-19

Photoshop CS2/Painter IX/Poser 6

STEP 6 更换笔刷为"精细软毛油画笔20号" 精细软毛油画笔20号 ，将大色块间平滑起来，使皮肤呈现的效果更柔和一些，如图7-20所示。

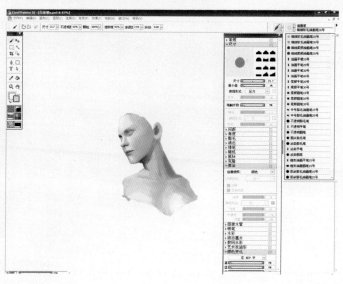

图7-20

7.5 头发的绘制

下面进行人物头发的绘制。

STEP 1 用"精细驼毛笔10号" ● 精细驼毛笔10号 绘制出头发的底色，如图7-21所示。

图7-21

STEP 2 使用"鬃毛油画笔30号" ● 鬃毛油画笔30号 绘制出头发的纹路，注意此处要加深阴影的效果，使得画面呈现立体感，如图7-22所示。

图 7-22

STEP 3 使用 "精细软毛油画笔 20 号" 精细软毛油画笔20号 更深入地刻画头发，如图 7-23 所示。

图 7-23

7.6 大体色的绘制

跟皮肤的表现过程一样，对于画面的其他部分，我们也采用大色块在前、细化在后的处理过程进行制作。

STEP 1 选用 "变化平笔" 变化平笔 绘制出大致的背景色。将笔刷控制面板的 "厚涂" 栏的 "绘画使用" 改为 "颜色和深度"，如图 7-24 所示。因为没有分层，所以绘画的时候要注意不要遮住了画好的部分，如图 7-25 所示。

图 7-24

图 7-25

STEP 2 选用"精细驼毛笔 10 号" ● 精细驼毛笔10号 　　　绘制出外套的大体颜色和明暗关系，如图 7-26 所示。

图 7-26

STEP 3 绘制出裙子和熊的大体颜色和明暗关系，同样，由于没有像在Photoshop中那样分层操作，绘制时请注意顺序，裙子在先，而熊在后，如图7-27所示。

图 7-27

STEP 4 和绘制皮肤一样，我们需要把色块柔化，这里我们使用"细节油画笔5号" ● **细节油画笔5号** 调整其"抖动"数值，数值参数可参考图7-28所示。将背景云层绘制得更加柔和一些，如图7-29所示。

图 7-28

图 7-29

7.7 更深入的刻画

下面对画面进行更深入的刻画。

STEP 1 使用"变化平笔"▮ 变化平笔，将笔刷控制面板"厚涂"栏的"绘画使用"改为"深度"，如图7-30所示，这样能利用笔刷的不规则性表现外套的质感，如图7-31所示。

图 7-30

图 7-31

STEP 2 使用"柔顺圆笔10号"● 柔顺圆笔10号 绘制出眉毛和眼睛，将笔刷控制面板"厚涂"栏的"绘画使用"改为"颜色"，如图7-32所示。并可利用该笔刷对皮肤衔接较"硬"的地方进行调整，使其更加柔和，完成效果如图7-33所示。

图 7-32

图 7-33

STEP 3 使用"精细驼毛笔 10 号" ● 精细驼毛笔10号 将裙子绘制得更柔和一些，如图 7-34 所示。

图 7-34

STEP 4 使用"细节油画笔 5 号" ● 细节油画笔5号 绘制出手的细节，如图 7-35 所示。

图 7-35

STEP 5 使用"柔顺圆笔10号"  绘制出头上的饰品,如图7-36所示。

图7-36

STEP 6 使用"精细驼毛笔10号" ● 精细驼毛笔10号 绘制出熊的大体的明暗关系,如图7-37所示。

图7-37

STEP 7 将狗熊绘制得更加精细一些。锁链可以使用精度更高的"精细驼毛笔10号" ● 精细驼毛笔10号 绘制,如图7-38所示。

图7-38

STEP 8 选择"调色刀笔刷"中的"载色调色刀"，将笔刷控制面板"厚涂"栏的"绘画使用"改为"深度"如图7-39所示。在背景云层上添加一些肌理效果，如图7-40所示。

图 7-39

图 7-40

STEP 9 绘制出远处城堡的明暗及色彩，使用"精细驼毛笔10号" ● 精细驼毛笔10号 绘制出厚度，如图7-41所示。

图 7-41

STEP *10* 将笔刷控制面板的"厚涂"栏的"绘画使用"改为"颜色和深度"，如图 7-42 所示，绘制出
背景的山脉。因为近实远虚的关系和天边连接的地方可以画得比较虚，如图 7-43 所示。

图 7-42

图 7-43

STEP *11* 使用"精细驼毛笔 20 号"｜● 精细驼毛笔20号　　　　画出雪橇，如图 7-44 所示。

图 7-44

STEP 12 使用"细节油画笔5号",将"抖动"数值调到最大,如图7-45所示,绘制出喷溅起的雪花,保存文件,如图7-46所示。

图 7-45

图 7-46

7.8 画面的整体调整

下面对画面进行整体调整。

STEP 1 打开Photoshop,选择菜单栏中的【文件】→【打开】命令导入在Painter中完成的图。单击"图层"窗口中的"创建新的图层"按钮 ,新建"眉目"图层,如图7-47所示,用带有羽化的"画笔工具" 对"眉目"刻画得更加精细一些,如图7-48所示。

图 7-47

图 7-48

STEP 2 单击"图层"窗口的"创建新的图层"按钮 🔲，新建"皮肤"图层，如图 7-49 所示。用"画笔工具" ✐ 刻画嘴巴等需要对纹理修饰的部分，如图 7-50 所示。

图 7-49

图 7-50

STEP 3 单击"图层"窗口的"创建新的图层"按钮 ，新建"图层10"图层，如图7-51所示，用
"画笔工具" 更加深入地刻画头发，如图7-52所示。

图 7-51

注意

多次添加图层后，请根据内容注意图层相互的覆盖关系，如果发现错误，可按住
该图层上下拖动至合适的位置。

图 7-52

STEP 4 选择菜单栏中的【文件】→【打开】命令导入一张云的图片素材，使用"移动工具" 将素
材拖入我们绘制的文件中，如图7-53所示。

图 7-53

STEP 5 用鼠标右键单击素材，在弹出的快捷菜单中选择"自由变换"命令，拖动素材边框至图示的大小为止，调整完毕后单击右侧工具栏中任何一项，出现如图 7-54 所示的对话框，单击"应用"按钮确认该变换，如图 7-55 所示。

图 7-54

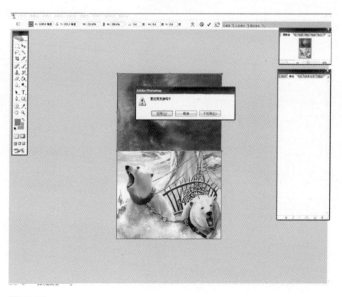

图 7-55

STEP 6 修改该素材的叠加方式，选中该图层单击"图层"窗口上的下拉菜单，叠加方式默认为"正常"，此处将素材图层的叠加方式改为"叠加"，如图 7-56 所示。

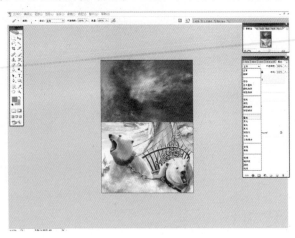

图 7-56

STEP 7 在该图层上，用"橡皮擦工具" 擦去素材不需要的部分，如图 7-57 所示。

图 7-57

STEP 8 因为我们只需要素材的纹理，不需要素材的颜色，所以选中"素材"图层，选择菜单栏中的【图像】→【调整】→【去色】命令，如图 7-58 所示。

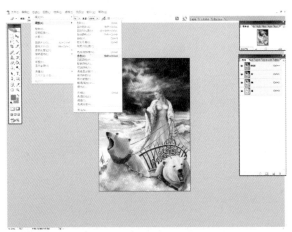

图 7-58

STEP 9 由于素材局部颜色太深，所以我们可以使用"减淡工具" 对其细节进行调整，如图7-59所示。注意调整不同位置时运用不同的笔刷直径，调整直径如图7-60和图7-61所示。

图 7-59

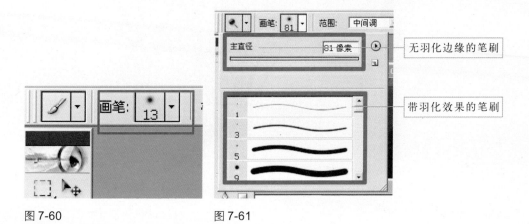

无羽化边缘的笔刷

带羽化效果的笔刷

图 7-60   图 7-61

STEP 10 为了使素材纹理更加明显，选择菜单栏中的【图像】→【调整】→【亮度/对比度】命令，如图7-62所示。

图 7-62

STEP 11 在弹出的对话框中调整"对比度"的数值，以突出纹理轮廓，直到满意为止，如图 7-63
所示。

图 7-63

附　录

刘偲CG艺术作品鉴赏

Collection

幻影

Painted by LS

▲ 作品名称：使命的召唤　　　　软件：Photoshop& Painter
创作说明：想画一张跟战争有关的图，于是就画了这张，前景的人物
用Photoshop完成，背景用的Painter的油画笔刷。

Photoshop CS & Painter IX

▲ 作品名称：秦风　　　　　软件：Photoshop
创作说明：本书的一个教程，主要想用Photoshop自带的一些笔触绘制出类似于油画感觉的CG作品。

◄ 作品名称：Corpse bride　　　　软件：Photoshop
创作说明：看了影片《僵尸新娘》预告片之后的作品，与电影中的角色有些差异。

▲ 作品名称:Downstairs　　　　软件:Photoshop
创作说明:想画一张美丽而带有幻想色彩的图,于是这张画就诞生了。

◀ 作品名称:Ice dance　　　　软件:Photoshop&Painter
创作说明:看了影片《剪刀手爱德华》之后的作品,缘于女主角在雪中翩翩起舞的映像。

▲ 作品名称:白巫婆　　　　软件:Photoshop&Painter
创作说明:本书的案例之一,想表现一些带有深度的笔触,主要用Painter中的油画笔刷绘制。

◀ 作品名称:暗夜精灵　　　　软件:Photoshop
创作说明:本书的教程之一,主要想用Photoshop表现一些物体的质感。

作品名称：火凤烈酒　　　　　　　　软件：Photoshop&Painter
创作说明：主要用Photoshop绘制人物及纱的质感，用Painter来表现油画般的笔触。

▲
作品名称：破浪　　　　　　　　　　软件：Photoshop&Painter
创作说明：想画一个水中的女子，于是就画了这张图。用Photoshop绘制人物及服装，
用Painter绘制背景。

作品名称：不老的传说　　　　　　软件：Photoshop
创作说明：因为Corpse bride那张没有画出影片里的诡异感觉，所以就画了这张图。想画很多
编幅，但是那种壮观的感觉却没有实现。

For Moony and Padfoot

Paited by LS

作品名称：黑夜传说　　　　　　软件：Photoshop&Painter
创作说明：源于哈利·波特，我个人比较喜欢的一张画，因为画中的角色我很喜欢。

Painted by LS

▲
作品名称: 地狱之歌　　　　　　　　　软件: Photoshop&Painter
创作说明: 没有玩过恶魔城, 但是被人物吸引了, 于是就画了一张, 我个人是
比较喜欢的。

◄ 作品名称: 白树　　　　　　　　　软件: Photoshop
创作说明: 圣诞节来临, 想要画一张插画, 不知怎么就画出这张图来了。

作品名称: 精灵　　　　软件: Photoshop
创作说明: 本来是为某小说画的插图, 后来画着画着越来越跟原小说无关了。

作品名称: 夜　　　　软件: Photoshop
创作说明: 想画一张科幻一点的图, 于是便画了这张。

作品名称：蝶舞春园　软件：Photoshop&Painter
创作说明：本书教程中的一个，主要用Painter的"数码水彩"笔刷和Photoshop的"图层叠加"功能来表现背景。

作品名称：干达婆王　软件：Photoshop
创作说明：圣传的同人，因为很喜欢干达婆王这个设定，所以为她画了一张插图。

梦境

作品名称：余冬儿　软件：Photoshop&Painter

任时光飞逝，谁可
挽住梦中的影子？

苍翠中那一抹红霞，如何能忘？难以相忘！

作品名称：韩佳人　软件：Photoshop&Painter

作品名称：聂风与第二梦　　　软件：Photoshop

作品名称：拓跋锋与苏曼青　　　软件：Photoshop

一定要看到你的影子遥不可及，才能想起，曾经和你在一起。

他清秀俊朗的眉目间隐着淡淡清愁，一袭白衫，磊落飘逸。以秋日温润了寒水的恬静安然……

作品名称：水影　　　软件：Photoshop&Painter

作品名称：坤灵　　　软件：Photoshop&painter

你的微笑，如枫动的颜色，明媚，灿烂，让人魂牵梦绕。

作品名称：枫　　　软件：Photoshop&Painter

作品名称：龙　　　软件：Photoshop&Painter

他的长剑越鞘而出，飞腾在半空，然后停住，似是凝固在了天幕下。

我要如何挽住流年，想你笑魇的刹那明艳……

可不可以告诉我，要怎样的想念，能够永不忘记？

作品名称：沈子寒　　　软件：Photoshop&Painter

作品名称：白云　　　软件：Photoshop&Painter

紫色的静夜，如梦似幻，而你窈窕的身影，让我深深迷恋。

作品名称：特工　　　软件：Photoshop&Painter

作品名称：上官云昊　　　软件：Photoshop&Painter

如果蓝色代表忧郁，你是不是就沉醉其中；
如果沧桑代表记忆，你是不是就选择忘记？

让结冰的爱冻成雪，封锁回忆不分季节。

作品名称：冰蓝　　　软件：Photoshop&Painter

Before he came down here, it never snowed. And afterwards...it did. If he weren't up there now, I don't think it would be snowing. Sometimes you can still catch me dancing in it.

作品名称：Snowing　　　软件：Photoshop&Painter

如何能够拾起，那散落在风里的**记忆**，拾起过往岁月的痕迹？

轻轻的，轻轻的，雪飘落；匆匆的，匆匆的，你走过。

作品名称：记忆碎屑　　　软件：Photoshop&Painter

作品名称：冰雪少女　　　软件：Photoshop&Painter

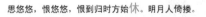

作品名称：白色　　　软件：Photoshop

思悠悠，恨悠悠，恨到归时方始休。明月人倚楼。

力拔山兮气盖世，时不利兮骓不逝。骓不逝兮可奈何！虞兮虞兮奈若何！

作品名称：虞美人　　　软件：Photoshop&Painter

素敵だね 二人手をとり 歩けたなら 行きたいよ キミの街 家 腕の中

Why...?

For what?

You'll find me.

I'll be here...

I'll be 'waiting'...here...

I'll be waiting...for you...so...

If you come here...

I promise.

作品名称：尤娜　　　　软件：Photoshop

作品名称：莉诺雅

春花哪堪几度霜，秋月谁与共孤光？

痴心若遇真情意，翩翩彩蝶化红妆。

仙灵，上到洞天，池中孤莲伴月眠；

一朝风雨落水面，愿君拾得惜相怜。

作品名称：赵灵儿　　　　软件：Photoshop

作品名称：彩依　　　　软件：Photoshop

227

青春，匆匆合上的一页：这一切，也许像梦境又重现。

梦已成空 花已成家
思念如缕捆绑了

作品名称：青涩的回忆　　软件：Photoshop

作品名称：纯真年代　　软件：Photoshop

侠意

去年今日此门中 人面桃花相映红
人面不知何处去 桃花依旧笑春风

作品名称：人面桃花　　软件：Photoshop

Potoshop&Painter

作品名称：小昭　　软件：Photoshop